高等职业教育教材

物理化学

王安琪　主　编

张歆婕　汪利平　副主编

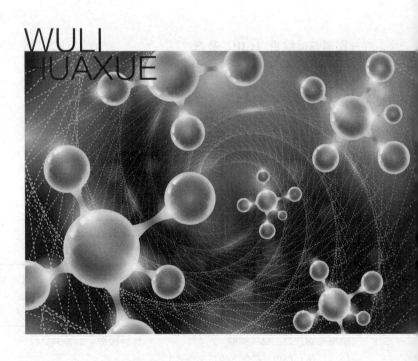

化学工业出版社

·北京·

内容简介

本书是为了适应现代职业教育高质量发展的教学改革要求而组织编写的。针对传统物理化学课程在教学过程中学生所反馈的"三多一难"（概念多、公式多、条件多、习题难）痛点问题，在保留经典物理化学教材框架的前提下，对课程体系和教学内容进行了适当的调整。在教材内容的选取上，重点强调概念的理解和结论的应用，删去了很多公式的推导与证明过程；在知识点难度的划分上，分为了"基础篇""提升篇"和"扩展篇"三个层次。全书除绪论外，共分为以下八个模块：热力学基础、多组分系统、相平衡、化学平衡、电化学、界面化学、胶体化学、动力学基础。

本书内容浅显、适用性强、覆盖面广，突出了现代职业教育的特色。可作为高等职业本科院校石油炼制技术、石油化工技术、应用化工技术、精细化工技术、煤化工技术、现代分析测试技术、材料类、环境类等专业的教学用书，也可供高职高专生物与化工大类各专业的教学使用。

图书在版编目（CIP）数据

物理化学/王安琪主编；张歆婕，汪利平副主编．——
北京：化学工业出版社，2022.10（2024.11重印）
ISBN 978-7-122-42546-1

Ⅰ．①物…　Ⅱ．①王…②张…③汪…　Ⅲ．①物理
化学-教材　Ⅳ．①O64

中国版本图书馆 CIP 数据核字（2022）第 212768 号

责任编辑：刘心怡　　　　　　　文字编辑：陈　雨
责任校对：张茜越　　　　　　　装帧设计：李子姮

出版发行：化学工业出版社（北京市东城区青年湖南街 13 号　邮政编码 100011）
印　　装：河北延风印务有限公司
787mm×1092mm　1/16　印张 10½　字数 256 千字　2024 年 11 月北京第 1 版第 2 次印刷

购书咨询：010-64518888　　　　售后服务：010-64518899
网　　址：http://www.cip.com.cn
凡购买本书，如有缺损质量问题，本社销售中心负责调换。

定　　价：33.00 元

物理化学是高等职业本科院校石油炼制技术、石油化工技术、应用化工技术、精细化工技术、煤化工技术、现代分析测试技术、材料类、环境类等专业的一门必修专业基础课。通过对本课程的学习，我们期望所培养的学生不仅具有解决与化学化工相关问题的能力，还应当具有一定的逻辑思维能力，进而通过本课程各个教学环节的训练最终具有获取新领域中新知识的能力。

本书以 2021 年教育部办公厅印发的《"十四五"职业教育规划教材建设实施方案》为依据，参照本科层次的职业技术大学在人才培养过程中"一核四性"（以技术应用能力培养为核心，强调应用性、层次性、创新性和复合性）的基本要求，力求体现"掌握概念、强化应用、培养品德"的原则来组织教材的结构与内容，针对不同专业和不同层次的人才培养模式将课程体系重构为"基础篇""提升篇"和"扩展篇"三级难度讲解的物理化学教材。其中，"基础篇"以典型的工业应用案例和生活实例为载体，利用生产和生活中的常见现象导入知识点，帮助理论基础薄弱的学生快速了解并掌握基本概念；"提升篇"主要讲解经典的物理化学计算公式，旨在训练学生的逻辑思维能力，力求让拔尖学生或职业本科学生在学有余力的基础上，加深对物理化学相关理论的理解；"扩展篇"主要介绍一些现代企业生产的新工艺、新技术以及物理化学领域的科技前沿知识，目的是让学生或企业培训人员及时了解行业发展动态。

本书由兰州石化职业技术大学王安琪任主编，兰州石化职业技术大学的张歆婕和无锡中石油润滑脂有限责任公司的汪利平任副主编，兰州石化职业技术大学的王智博、魏元博和张雅迪为参编。全书绪论部分、模块一至模块四由王安琪副教授编写，模块五至模块七由张歆婕老师编写，模块八由汪利平高级工程师编写；王智博、魏元博、张雅迪三位老师分别负责了课后习题和素质阅读材料的编写以及动画资源的制作。王安琪负责本书的统稿工作。

书中参考、引用和改编了国内外出版物中的相关资料以及部分网络资源，编者在此一并表示衷心的感谢！

由于编者水平所限，书中的疏漏与不足之处在所难免，亟盼各位读者在使用过程中随时指出，以俾更正和改进。

编者

2023 年 3 月

绪 论

模块一　热力学基础

模块二　多组分系统

模块三　相平衡

模块四 化学平衡

模块五 电化学

模块六 界面化学

模块七　胶体化学

模块八　动力学基础

参考文献

二维码资源目录

绪　论

📚 **学习要求**

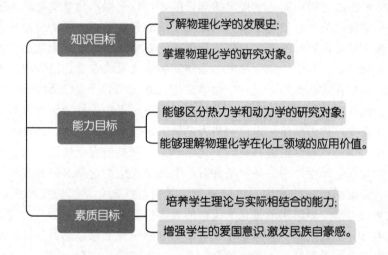

化学与人们的衣食住行、能源开发、工业生产、太空探索等息息相关,它在现代科学领域的中心地位毋庸置疑。

众所周知,化学是研究物质变化的科学,而物质的变化不外乎是化学变化和物理变化,它们二者之间具有密不可分的联系。从宏观角度看,任何化学反应的发生总是伴随有物理现象,例如温度、压力、体积、浓度、颜色的改变,热量的释放与吸收,电效应与光效应的产生等;从微观角度看,分子中原子的转动与振动,原子之间的相互作用力等微观物理运动形态,直接决定了物质的宏观性质与化学反应能力。换言之,自然界中一切化学变化的本质都是物质结构的变化。作为近代化学的理论基础,物理化学是一门从物质的物理现象和化学现象的联系入手来探求化学变化基本规律的科学。我国著名的物理化学家印永嘉教授曾做过一个形象的比喻:如果把化学看成一个人,那么无机化学是化学的四肢,有机化学是化学的躯体,分析化学是化学的眼睛,而物理化学则是化学的灵魂。由此可见,在现代化学工业已经驶入高速发展的快车道这一社会背景下,物理化学才是将化学理论应用于相关领域的瓶颈,它对化工设备和工艺的创新发展具有极为重要的指导意义。物理化学的起源见图 0-1。

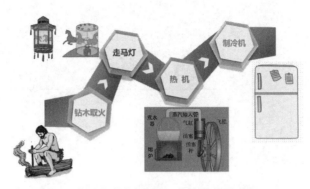

图 0-1 物理化学的起源——热功转换的发展历程

（1）物理化学的学习目的

任何一个学科的建立都是为了适应社会生产的需要，而研究物理化学的目的则是为了解决科学实验和生产实践过程中向化学提出的理论问题，从而揭示化学变化的本质，让人类能够更好地驾驭化学使之为社会发展服务。从宏观系统的角度分析，平衡规律和速率规律是物理化学研究的两大核心内容；换言之，物理化学的主要学习目的是掌握化学热力学和化学动力学两方面的基础知识。其中，化学热力学是研究和解决系统在变化过程中的平衡规律与能量效应的科学。例如在实际生产中，一个化学反应在指定条件下能否朝着预期的方向进行？如果可以进行，该反应将达到什么程度？在反应过程中，系统的能量转化关系是怎样的？研究这类问题通常需要以热力学第一定律和热力学第二定律为理论基础，经过逻辑推理，进而推导出一系列热力学公式和结论进行判断。化学动力学则是研究反应速率的影响因素和反应机理的科学。例如在实际生产中，外界条件对一个化学反应的速率有何影响？怎样才能提高主反应的速率、抑制副反应的发生？如何选择催化剂，控制化学反应按照所需要的速率进行？显然，化学动力学主要解决的是化学反应的现实性问题。故而化学反应过程中的热力学与动力学现象不可分割，它们二者相辅相成：动力学的研究必须以热力学计算结果为前提条件，热力学必须与动力学相结合才能完整地解决化工生产中的实际问题。

（2）物理化学的学习建议

物理化学是一门理论性很强的专业基础课。初学者对本课程的体会往往是概念抽象模糊、原理晦涩难懂、公式枯燥冰冷，从而早早地丧失了学习的兴趣与信心。但从另一角度来看，课程中所涉及的概念、理论、定律等都是从客观世界中归纳总结而来，我们在学习过程中若能时刻联系生活与生产中的典型案例进行思考与理解，则会感到生动有趣。

物理化学的应用领域见图 0-2。

(a) 衣   (b) 食   (c) 住   (d) 行

图 0-2 物理化学的应用领域

物理化学也是一门逻辑性很强的专业基础课。本课程各个模块的知识体系之间环环相扣，既彼此联系又相互独立，因此要站在整个学科的高度纵观物理化学的主要脉络，同时要深刻领会运用物理化学的观点和方法来解决常见化学问题。此外，与其他先修课程相比，物理化学课程中所涉及的公式繁多，但需要明确的是数学推导过程只是获得结果的手段而非目的，不要只关注推证过程而忽略了公式的应用条件和物理意义。

物理化学还是一门应用性很强的专业基础课。本课程中任何一个理论的提出与建立都具有生产实践和科学实验的基础，并被多方面的实践所证实。时至今日，人类对化工生产的研究越深入，对理论与实践相结合的要求就越迫切。先进的化工生产工艺无法脱离科学理论的指导，而现代化工生产技术的飞跃也进一步促进了相关理论的完善与深化。由此可见，物理化学的研究水平在一定程度上反映了化学领域和化工行业的发展深度。

（3）物理化学的课前准备

日常生活中，我们需要与各种各样的物理量打交道。例如，买菜要称重、穿衣要合尺、约会要守时、生病要测温……但自然界中的物体有大有小，所涉及的物理量成千上万，这就导致有些物理量的单位在不同地域大相径庭。对于当代社会在科研和生产领域中日益提高的数据精度需求而言，五花八门的物理量单位则会引起测量和计算过程中的混乱与不便。因此，计量科学的单位统一至关重要。

国际单位制是 1971 年由第 14 届国际计量大会决议并推荐世界各国采用的标准度量衡单位系统，包括基本单位和导出单位两大类（表 0-1、表 0-2），其中导出单位是由七个基本单位通过定义、定律或一定的关系式所推导出来，至此人类计量史上最规范的计量语言真正统一。国际单位制的广泛应用极大地方便了世界各国之间的学术交流和经贸往来，对于促进人类的发展具有十分重要的意义。

表 0-1　国际单位制的基本单位

物理量名称	物理量符号	单位名称	单位符号
时间	t	秒	s
长度	L	米	m
质量	m	千克	kg
电流	I	安培	A
热力学温度	T	开尔文	K
物质的量	n	摩尔	mol
发光强度	Iv	坎德拉	cd

表 0-2　国际单位制的常用导出单位

物理量名称	物理量符号	单位名称	单位符号	导出公式
力	F	牛顿	N	$1N=1kg \cdot m \cdot s^{-2}$
压强	p	帕斯卡	Pa	$1Pa=1N \cdot m^{-2}=1kg \cdot m^{-1} \cdot s^{-2}$
能/功/热	$E/W/Q$	焦耳	J	$1J=1N \cdot m=1kg \cdot m^2 \cdot s^{-2}$
功率	P	瓦特	W	$1W=1J \cdot s^{-1}=1kg \cdot m^2 \cdot s^{-3}$
电量	Q	库伦	C	$1C=1A \cdot s$
电势/电压/电动势	$\varphi/U/E$	伏特	V	$1V=1W \cdot A^{-1}=1kg \cdot m^2 \cdot A^{-1} \cdot s^{-3}$
电阻	R	欧姆	Ω	$1\Omega=1V \cdot A^{-1}=1kg \cdot m^2 \cdot A^{-2} \cdot s^{-3}$
电导	G	西门子	S	$1S=1\Omega^{-1}=1A^2 \cdot s^3 \cdot kg^{-1} \cdot m^{-2}$
电容	C	法拉	F	$1F=1C \cdot V^{-1}=1A^2 \cdot s^4 \cdot kg^{-1} \cdot m^{-2}$
电感	L	亨利	H	$1H=1V \cdot A^{-1} \cdot s=1kg \cdot m^2 \cdot A^{-2} \cdot s^{-2}$

热与功单位的统一

在人类真正认识热的本质之前，热与功之间的关系并不清楚，所以它们采用不同的单位进行表示：

能量的传递方式	单位	定义	测量方法
热	cal（卡路里）	在101.325kPa下，1g纯水升高1℃所需要吸收的热为1cal	
功	J（焦耳）	对一物体施加1N的力，使其发生1m位移所做的机械功	

18世纪末，有关"热质说"与"热动说"之间的一场科学论战，使人类在事实面前最终揭示了热的本质。这一期间，著名的英国物理学家焦耳（James Prescott Joule）所设计的"热功当量"实验在科学史上具有不可替代的意义。所谓热功当量，是指热量以cal为单位时与功的单位J之间的数量关系。焦耳从1840年起，先后采用各种不同的方法进行了大量实验，得出一个重要的结论：热功当量是一个常数，与做功方式无关。热与功的单位之间存在一定的换算关系：

$$1cal（热化学）= 4.184J$$

热功当量实验

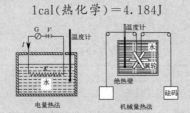

电量热法　　机械量热法

1847年，焦耳做了迄今被认为是设计思想最巧妙的实验：他在量热器中装入水，中间安上带有叶片的转轴，然后让重物下降带动叶片旋转，由于叶片和水的摩擦，水和量热器都变热了。根据重物下落的高度可以计算出转化的机械功；而根据量热器内水温的升高，则可计算出水的热力学能的升高值。将这两个数据进行比较，就可以求出热功当量的准确值。焦耳还用鲸鱼油和汞来代替水，不断改进实验方法。直到1878年，此时距他开始这一工作将近40年了，他也已经用各种方法进行了400多次的实验，所得到的实验结果仍然相同。一个如此重要的物理常数的测定，能保持近40年不做较大的更正，这在科学史上是极为罕见的。

热功当量实验有力地证明了机械功和电功与热之间的转换关系，论证了热只是能量转换的一种形式，而非一种神秘的物质，这一数据的提出为确认能量守恒和转换定律的正确性打下了坚实的实验基础。

1948年，第八届国际计量大会正式确定以"J"为能量单位，并明确在国际单位制中，将"cal"列为将来应停止使用的单位。自此热与功的单位实现了真正的统一，热功当量这个词也逐渐被废除，但焦耳热功当量实验的历史意义将是永存的。

在使用国际单位制时，通常会在一些单位符号或全称前面加上一个表示数量级的前缀，它被称为国际单位制的词头（表 0-3），用于表示单位的倍数或分数，实现了各个基本单位和导出单位在一定范围内进行适当的调整。例如长度单位 m（米），可以叠加不同词头拓展为更小的单位 mm（毫米）或更大的单位 km（千米）。

表 0-3　国际单位制的常用词头

因数	词头名称		符号
	英文	中文	
10^9	giga	吉咖	G
10^6	mega	兆	M
10^3	kilo	千	k
10^2	hecto	百	h
10	deca	十	da
10^{-1}	deci	分	d
10^{-2}	centi	厘	c
10^{-3}	milli	毫	m
10^{-6}	micro	微	μ
10^{-9}	nano	纳诺	n

希腊字母是世界上最早拥有表示元音音位的字母书写系统，它被广泛应用于数学、物理、化学、工程学等学科领域，成为现代自然科学的通用符号（表 0-4）。

表 0-4　希腊字母表

字母名称	大写字母	小写字母	字母名称	大写字母	小写字母
alpha	A	α	nu	N	ν
beta	B	β	xi	Ξ	ξ
gamma	Γ	γ	omicron	O	o
delta	Δ	δ	pi	Π	π
epsilon	E	ε	rho	P	ρ
zeta	Z	ζ	sigma	Σ	σ
eta	H	η	tau	T	τ
Theta	Θ	θ	upsilon	Y	υ
iota	I	ι	phi	Φ	φ
kappa	K	κ	chi	X	χ
lambda	Λ	λ	psi	Ψ	ψ
mu	M	μ	omega	Ω	ω

素质阅读

科学无国界，但科学家有祖国

梁园虽好，非久留之地。学者的身后，背靠的是国家和千千万万的祖国同胞。

科学成就离不开精神支撑，科学家精神是科技工作者在长期科学实践中积累的宝贵精神财富。我国科技事业取得的历史性成就，是一代又一代矢志报国的科学家前赴后继、接续奋斗的结果。傅鹰、黄子卿、卢嘉锡、徐光宪、吴征铠等一大批老一辈物理化学家都是爱国科学家。在物质条件艰苦的 20 世纪 30～40 年代，老一辈物理化学家放弃国外的优越条件，克服重重困难，毅然回到祖国怀抱，在化学热力学、电化学、胶体和界面化学、量子化学、X射线结晶学、分子反应动力学、分子光谱学等领域取得了可喜的成绩。

新中国的崛起离不开数十年来坚持执行的人才和科技战略，如今我国在许多科技领域都走到了世界的前列，并将关键核心技术牢牢掌握在自己手里。因此，在风云变幻的国际局势中，我们才能拥有"笑傲群雄"的底气和力量！

科学家精神内涵

胸怀祖国、服务人民的爱国精神

勇攀高峰、敢为人先的创新精神

追求真理、严谨治学的求实精神

淡泊名利、潜心研究的奉献精神

集智攻关、团结协作的协同精神

甘为人梯、奖掖后学的育人精神

模块一　热力学基础

📚 **学习要求**

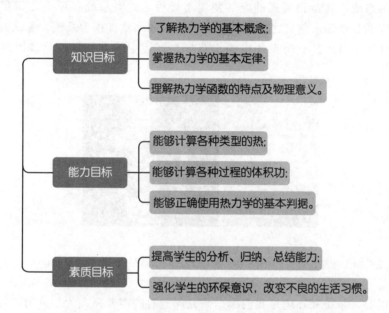

知识目标
- 了解热力学的基本概念；
- 掌握热力学的基本定律；
- 理解热力学函数的特点及物理意义。

能力目标
- 能够计算各种类型的热；
- 能够计算各种过程的体积功；
- 能够正确使用热力学的基本判据。

素质目标
- 提高学生的分析、归纳、总结能力；
- 强化学生的环保意识，改变不良的生活习惯。

　　热力学的发展史是人类对自然界中能量转换规律的认识、掌握和运用的历史。当物质发生物理变化或化学反应时，往往会伴随有不同形式能量间的转变；研究不同条件下的能量变化，不仅可以用来判断变化的方向，甚至还可以预测出这一变化能够达到的最大限度。在热力学发展初期，为了提高热机的效率，人们只着重于研究热与机械能之间的转换关系，后来随着化学能、电能、表面能以及其他形式能量的发现和应用，逐渐扩大了热力学的研究范围。因此，经典热力学在过去的一个多世纪里取得了巨大的进步，并逐步演变发展成为一门科学、严谨、庞大的学科。

　　热力学第一定律和热力学第二定律是经典热力学的主要理论基础，它们是人类经验的总结，具有牢固的实验基础和严密的逻辑推理方法，也是物理化学中最基本的定律；此后，在20世纪初建立的热力学第三定律和热力学第零定律使热力学的体系更加严密和完整。热力学通过研究宏观系统的热现象和其他形式能量之间的转换关系，以及当系统状态发生变化时所引起的某些宏观物理量的变化，进而在工业装置的设计、工艺路线的选择和操作条件的确定等方面对生产实践提供重要的理论指导意义。

<h1 align="center">【基础篇】</h1>

<h2>一、热力学基本概念</h2>

在学习热力学的相关定律之前，需要先了解一些热力学的基本概念。热力学的概念有很多，先集中介绍几个最基本的概念，其他概念将在之后的学习中陆续引入。

<h3>1. 系统与环境</h3>

用观察和实验的方法进行科学研究时，必须首先确定所要研究的对象。在热力学中，常把人为指定的研究对象称为**系统**，而把系统之外与系统密切相关的其余物质称为**环境**。通常系统与环境之间具有分界面，这个分界面既可以是真实的，也可以是假想的。大多数情况下，系统都是以实在的物理界面与环境分开，例如当研究冰和水之间的相互转化时，可以将冰水混合物作为系统，容器和周围的空气便属于环境，此时系统和环境之间存在真实的界面；但如果研究的是水和水蒸气之间的转化，若将水和水蒸气视为系统，那么容器和周围的空气仍然属于环境，只不过此时系统中的水蒸气与环境中的空气之间只能以假想的界面分开。见图 1-1。

(a)   (b)

图 1-1 冰和水之间的相互转化 (a) 以及水和水蒸气之间的相互转化 (b)

需要注意的是，系统和环境是我们根据研究问题时的需要而人为划分的，并不是一成不变的。只不过当选定系统和环境后，通常在研究过程中不再发生变化。

系统和环境之间的联系包括两者之间的物质交换和能量传递，根据它们二者之间联系情况的不同，可以把系统分为以下三类：

① 当系统与环境之间既有物质交换，又有能量传递时，这类系统叫做**敞开系统**。例如，装在敞口杯中的热水，水分子可以蒸发到空气中，空气也可以进入水中，同时热水还会放热给周围的环境。在热力学中通常不研究敞开系统。

② 当系统与环境之间没有物质交换，但有能量传递时，这类系统叫做**封闭系统**。例如，在装有热水的敞口杯上方加一个盖子，此时水分子不能蒸发到空气中，空气也无法进入水中，但热水仍然可以将热传递给周围的环境。封闭系统较简单，是热力学研究的基础，本书中除了特殊说明外，讨论的对象都是封闭系统。

③ 当系统与环境之间既没有物质交换，也没有能量传递时，这类系统叫做**隔离系统**，周围环境对隔离系统中发生的一切变化都不会产生任何影响。例如，装在保温杯中的热水，在一段时间内没有热量传递给周围环境，可以近似地看作隔离系统。实际上真正的隔离系统

是不存在的，因为并没有绝对不传热的保温材料，更不可能完全消除外力场对系统的影响。但是只要这些影响小到可以忽略不计的程度，仍然可以近似地将它看作是隔离系统。在物理化学中，有时为了研究问题方便，常把系统和系统附近的环境组合成一个新的大系统来讨论，这时就符合隔离系统的条件了。换言之，严格意义上的隔离系统往往是为了研究需要而人为假设的一类系统。

最后需要强调一点，环境通常是由大量不发生相变化和化学变化的物质所构成的。这样的环境在与系统交换了有限量的热量后，环境的温度仅仅会发生无限小的变化，可以近似地看作温度不变来处理。

系统的分类

2. 相与相变

我们经常说气相、液相和固相，那么究竟什么是相呢？在物理化学中，**相**是指没有外力作用下，系统内物理和化学性质完全相同、成分相同的均匀物质的聚集态。构成相的物质可以是纯净物，也可以是混合物。例如，纯水是一个相，NaCl 的水溶液也是一个相。相与相之间在指定的条件下具有明显的界面，越过此界面，一定有某种宏观性质（如密度、组成等）发生突变，相与相之间可以用物理或机械方法加以分离。在热力学研究时，只存在一个相的系统称为**均相系统**，存在两个或两个以上相的系统称为**多相系统**（图 1-2）。

(a) 均相系统　　　　(b) 多相系统

图 1-2　均相系统与多相系统

物质在不同相之间的转变称为**相变**，相变是很普遍的物理变化过程。从微观角度来看，相变是系统内部有序和无序两种倾向相互竞争的结果，其中相互作用是有序的起因，而热运动则是无序的来源。不同相之间的相互转变一般包括两类，即一级相变和二级相变。

系统发生相变时有体积的变化，同时伴随有热量的吸收或释放，这类相变称为**一级相变**。例如，在 $0℃$、$101.325kPa$ 下，$1kg$ 的冰转变成同温度的水，需要吸收 $79.6kcal$ 的热量，与此同时体积也会发生收缩，因此冰水之间的转换就属于一级相变。

系统发生相变时没有体积的变化，也不伴随有热量的吸收或释放，只是物质的热容量、热膨胀系数、等温压缩系数等物理量发生变化，这类相变称为**二级相变**。例如，在居里温度下铁磁体与顺磁体之间的转变，无外磁场时超导物质在正常导电态与超导态之间的转变，合金的有序态与无序态之间的转变，正常液态氦（氦Ⅰ）与超流体氦（氦Ⅱ）之间的转变等都是典型的二级相变。

水的一级相变

3. 过程与途径

系统从某一状态变化到另一状态的连续变化经历称为**过程**，通常把系统变化前的状态称为**始态**，变化后的状态称为**终态**，习惯上分别用下标"1"和"2"表示。按照系统内部物质变化的类型，可分为以下三类：

① 单纯 p、V、T 变化过程：系统的化学组成、聚集状态不变的过程。根据过程发生时条件的特点，可将其分为等温过程、等压过程、等容过程、绝热过程、循环过程等。

② 相变化过程：系统中物质的组成不变而聚集状态发生转变的过程。

③ 化学变化过程：系统中发生化学反应致使组成发生变化的过程。

以上这三类过程既可以单独发生，也可以同时发生。例如，将 80℃、47.360kPa 下的液态水变成 100℃、101.325kPa 下的水蒸气，这一过程中就是既有单纯 p、V、T 变化，又有相变化的过程。

系统由始态到终态的变化过程可以经由不同的步骤来完成，这种具体的步骤称为**途径**。例如，单质 Zn 与一定浓度的 $CuSO_4$ 水溶液在恒定温度下反应生成单质 Cu 和一定浓度的 $ZnSO_4$ 水溶液，这一变化过程既可以在烧杯中进行，也可以在原电池中进行（图 1-3）。

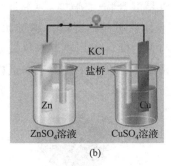

图 1-3　Zn+ $CuSO_4$ ══Cu+ $ZnSO_4$ 反应的不同途径

（a）在烧杯中；（b）在原电池中

4. 热力学状态

系统的物理性质和化学性质总和称为**状态**，当系统的所有性质都确定时，系统就具有确定的状态。换言之，当系统的状态确定后，系统所有的性质就有唯一确定的值。热力学系统所涉及的状态有平衡态和非平衡态之分，在以后的学习中，若非特别注明，我们讨论的都是热力学平衡态，因为只有处于热力学平衡态，系统的许多性质才有确切的含义。有些时候系统的相变化或化学变化并未达到平衡，或系统与环境的温度、压力也不相等，但是只要系统内部的温度、压力、组成是均匀的，也可以近似作为热力学平衡态研究。所谓**热力学平衡态**是指在一定条件下，系统中各部分的宏观性质不随时间变化，并且将系统与环境隔离时，系统的性质仍不改变的状态。热力学平衡态应同时包括以下四个平衡：

① 热平衡：系统各部分的温度相等；若不是绝热系统，则系统与环境的温度也应相等；当系统内有绝热壁隔开时，绝热壁两侧物质的温度差不会引起两侧状态的变化。

② 力平衡：系统各部分的压力相等；若系统是在带有活塞的气缸中，系统的压力应等于环境的压力；当系统内有刚性壁隔开时，刚性壁两侧的压力差不会引起两侧状态的变化。

③ 相平衡：系统内各个相的组成及数量均不发生变化。

④ 化学平衡：系统内所有化学反应中各组分的数量均不发生变化。

系统的性质，不管是可测性质还是不可测性质，都强烈依赖于系统所处的状态。为了便于交流，必须为系统的状态确定一个易于进行相对比较的基准。热力学中常用的基准为**热力学标准态**，是指在标准压力 $p^{\ominus}$（100kPa）和某一指定温度下纯物质的物理状态（液态或某种指定性质的固态）。人为规定：气体的标准态是指温度为 T，压力为 $p^{\ominus}$，且性质服从理想气体行为的气态纯物质；液体和固体的标准态是指温度为 T，压力为 $p^{\ominus}$ 下的液态纯物质和固态纯物质；溶液的标准态是指溶剂温度为 T，压力为 $p^{\ominus}$ 下的纯溶剂，溶质温度为 T，压力为 $p^{\ominus}$ 下活度为 1，且性质服从无限稀释溶液行为的溶质。

5. 热力学过程

热力学通常只研究处于平衡状态的系统，"平衡"表示系统本身在宏观状态上是静止的，而"过程"则意味着变化。换言之，处于热力学平衡态的系统要实现能量的转换，就必须通过打破系统原有的平衡来实现。那么怎样才能将"平衡"与"过程"这两个矛盾的概念统一起来呢？这就需要引入"准静态"的概念。

过程的进行需要系统与环境之间具有一定的推动力，例如传热过程的推动力来源于系统与环境之间的温度差，而做功过程则是由系统与环境之间存在不平衡的相互作用力推动的。当一个过程的推动力无限小时，系统内部以及系统与环境之间就会始终在一系列无限接近于平衡状态下缓慢进行，这样的过程称为**准静态过程**。

当一个准静态过程发生后，如果系统和环境都能够沿着原来的途径完全复原，那么该过程就称为**可逆过程**。可逆过程是一种理想化的过程，实际上并不存在。在客观世界中，当系统发生了某一过程后，若要使系统恢复原状，环境中必然会留下某种永久性的变化，即现实中发生的一切过程都属于**不可逆过程**。可逆过程是热力学研究的一个重要工具，将实际过程与理想化的可逆过程进行比较，就能够确定在生产中提高实际过程效率时所能达到的理论极限。

大量实验事实证明，自然界的一切宏观过程都具有不可逆性。在热力学中，通常将一定条件下无需借助外力就能够自动进行的不可逆过程称为**自发过程**。例如，热总是从高温物体自动传递给低温物体，直至两物体的温度相等；气体总是从高压处自动流向低压处，直至各处的压力相等；溶质总是从高浓度处自动向低浓度处扩散，直至各处的浓度相等；电流总是从高电势处流向低电势处，直至各处的电势相等。显然，所有的自发过程都具有一定的方向性，即自动地由非平衡态朝着平衡态的方向进行；换言之，系统达到热力学平衡态就是自发过程所能进行的最大限度。人们之所以对自发过程感兴趣，是因为一切自发过程都具有对外做功的"潜力"。在适当的条件下如果安排得当，伴随着自发过程的进行，系统对环境做功的能力就可以实现。例如，水力发电就是以人工方法引导高速水流冲击水轮机，带动水轮机和发电机的旋转从而产生电力。见图 1-4。

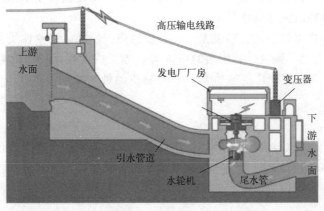

图 1-4　自发过程对外做功——水力发电

需要强调的是，准静态过程只着眼于系统内部的平衡，有无外部机械摩擦对系统内部的平衡并无影响，准静态过程进行时可能发生能量耗散。而可逆过程不仅要求系统内部平衡，还要求系统与环境之间的作用可以无条件恢复，可逆过程进行时不存在任何能量的耗散。简而言之，准静态过程不一定是可逆过程，但可逆过程一定是准静态过程。

6. 热力学函数

在计算各种热力学函数时，通常需要做积分路径。若积分结果与路径无关，该函数称为**状态函数**。若必须要知道具体的积分路径，且路径不同时积分结果不同，该函数称为**途径函数**。在以后的学习中，若非特别注明，热力学中只涉及到两个途径函数——热 Q 和功 W；而其他用于描述系统状态的宏观性质都属于状态函数，例如物质的量 n、温度 T、压力 p、体积 V、密度 ρ、热力学能 U、焓 H、熵 S 等。

状态函数的特点是：系统的状态一定，状态函数值一定；系统的状态发生变化，状态函数值也要发生变化；状态函数的变化值只取决于系统的始态和终态，而与变化的路径无关。因此，状态函数的特点可以用 16 个字来概括，即"异途同归，值变相等；周而复始，数值还原"。在高等数学上状态函数的微小变化是全微分，并且是可积分的。例如气体的压力 p、体积 V、温度 T 之间可写成以下函数关系：

$$p = p(T, V)$$

$$\mathrm{d}p = \left(\frac{\partial p}{\partial T}\right)_V \mathrm{d}T + \left(\frac{\partial p}{\partial V}\right)_T \mathrm{d}V$$

由始态 1 变到终态 2 的压力改变量为：

$$\Delta p = \int_{p_1}^{p_2} \mathrm{d}p = p_2 - p_1$$

若系统经历一个循环过程，则状态函数沿闭合回路的环程积分为零，即：

$$\oint \mathrm{d}p = 0$$

状态函数按照它们与系统中物质数量的关系，可以分为广度性质和强度性质两大类。

凡是与系统中物质的数量有关的性质称为**广度性质**，其特点是具有加和性。例如将反应釜中的物料分为相等的两部分，则每一部分的体积、质量、物质的量就减少为原来的一半，这一类表现系统量的特性的状态函数就属于广度性质。

凡是与系统中物质的数量无关的性质称为**强度性质**，其特点是不具有加和性。例如将反应釜中的物料分为任意的两部分，则每一部分的温度、浓度、密度仍与原来相同，这一类表现系统质的特性的状态函数就属于强度性质。

需要说明的是，两个广度性质的比值就是一个强度性质。例如，强度性质密度 ρ 等于广度性质质量 m 与体积 V 之比，强度性质物质的量浓度 c 等于广度性质物质的量 n 与体积 V 之比，强度性质摩尔体积 V_{m} 等于广度性质 V 体积与物质的量 n 之比，等等。

二、能量的传递

系统的状态发生变化时总会伴随着与环境交换能量，这种能量的交换形式包括两种——热与功，它们之间的明显区别是通过传热来交换能量不需要有物体的宏观位移，而借助于做功来交换能量则与物体的宏观位移有关。

1. 热

热是一种常见的自然现象，它在人类的生活中无处不在，具有极为重要的作用。在 19

世纪之前，一种关于热的本质的错误理论——"热质说"曾牢牢占据着热力学的主导地位。该理论认为：热是一种自相排斥的、无重量的流质，称作热质（caloric）。它不生不灭，可渗透到一切物体之中。物体的冷热程度由它所含热质数量所决定：即热的物体含有的热质多，而冷的物体含有的热质少；当冷热不同的两个物体相接触时，热质便从较热的物体自发流入较冷的物体，直到二者的温度相等为止；在这一过程中，一个物体所减少的热质恰好等于另一物体所增加的热质。"热质说"的提出在解释量热学的实验方面曾起到了积极的作用，它能成功地说明混合量热法的规律：即两个温度不相等的物体混合以后达到相同温度时，如果没有向周围环境散失热量，那么其中一个物体所失去的热量恰好等于另一物体所得到的热量。因此，在当时热质说很快获得了科学界的广泛承认。1798 年，英国科学家朗福德（Rumford）在论文《探讨摩擦生热的来源》中描述了一个现象：加农炮镗孔时，只要持续加工，就会持续地产生热，甚至可以使水沸腾，而且在单位时间的发热量不会减少。但若采用热质说的理论，热质在加工过程中会从加农炮中流出，加农炮的热质就会减少，因此发热量必然下降。这就出现了无法解释的矛盾。随后在 1799 年，英国化学家戴维（Humphry Davy）在论文《论热、光和光的复合》中描述了另一个实验：在一个和周围环境隔绝的真空容器中，使两块冰互相摩擦，最后变成水。倘若热质说的理论成立，则这一过程中热质应当只在两块冰之间交换，而不存在外界与两块冰之间的热质交换。这就与冰化成水后温度升高，热质增多的实验结果自相矛盾了。自此以后，"热质说"的假设在实践中也受到了越来越多的质疑，直到能量转换和守恒定律的建立才真正揭示了热的本质——热只是能量转换的一种形式，而非一种神秘的物质。

根据生活经验我们知道，一个热的物体和一个冷的物体相接触，冷的物体会变热，而热的物体会变冷，这说明在它们之间有某种东西在相互传递，人们把这种东西叫做热。当然现在我们已经科学地认识到热是物质运动的一种表现形式，它是与大量分子的无规则运动相联系的。分子无规则运动的强度越大，那么表征这个强度大小的物理量——温度就越高。换言之，当两个温度不同的物体相接触时，由于无规则运动的混乱程度不同，它们就可以通过分子碰撞而交换能量，经由这种方式传递的能量就是热。由此可见，在热力学中所指的**热**，就是由于系统和环境之间温度差的存在而引起的能量传递形式，用符号 Q 来表示，单位为 J。根据 IUPAC 在 1990 年推荐的方法，人为规定：$Q>0$ 表示系统从环境中吸热，而 $Q<0$ 则表示系统向环境放热。例如，水蒸气的温度为 $100℃$，物料的温度为 $25℃$，当水蒸气的能量以热的形式源源不断地传递给物料时，物料的温度就会不断升高，这就说明热总是与系统所进行的能量传递过程相关联。因此热不是状态函数，它与进行的过程有关，离开了热传递这个过程来讨论热是没有意义的。所以热不具有全微分的性质，微小变化过程的热只能用 δQ 表示。由于热的本质是大量粒子的微观运动，因此热是环境与系统之间无序的能量传递形式。通常按照系统内变化类型的不同，我们对不同过程的热赋予不同的特定名称，例如恒容热、恒压热、混合热、溶解热、蒸发热、熔化热、化学反应热等。

2. 功

在热力学中，通常把除了热以外其他的能量传递形式统称为**功**，用符号 W 来表示，单位为 J。根据 IUPAC 在 1990 年推荐的方法，人为规定：$W<0$ 表示系统对环境做功，而 $W>0$ 则表示环境对系统做功。系统在广义力的作用下，产生了广义位移时，就做了广义功。一般来说，各种形式的功（表 1-1）都可以看成是强度因素与广度因素变化量的乘积。其中，强度因素决定了能量的传递方向，而广度因素则决定了功值的大小。从微观角度来说，功是大量质点以有序运动而传递的一种能量形式。换言之，功不是系统自身的性质，而总是与系统所进行的过程相联系。功不是状态函数，我们不能说系统的某一状态有多少功；只有当系统进行一过程时才能说该过程的功等于多少。所以功不具有全微分的性质，微小变化过程的功只能用 δW 表示。

表 1-1　几种常见的功

功的种类	强度因素	广度因素的改变	功的表达式
机械功	F(力)	$\mathrm{d}l$(距离的改变)	$F \times \mathrm{d}l$
体积功	p_{su}(外压)	$\mathrm{d}V$(体积的改变)	$-p_{su} \times \mathrm{d}V$
电功	E(外加电位差)	$\mathrm{d}Q$(通过电量的改变)	$E \times \mathrm{d}Q$
表面功	γ(表面张力)	$\mathrm{d}A$(面积的改变)	$\gamma \times \mathrm{d}A$

三、热力学第零定律

温度的概念最初来源于生活。用手触摸物体，感觉热者其温度高，感觉冷者其温度低，但仅凭主观感觉来判断温度往往会得到错误的结果。英国哲学家约翰·洛克（John Lock）在 1690 年曾设计了一个简单的实验以证明单凭感觉判断温度高低的不可靠性：首先往三个容器中分别倒入热水、温水和冷水，然后把两只手分别浸在热水和冷水中，这时会感到一个容器中的水是热的，另一容器中的水是冷的；此时如果再将两只手同时浸入温水中就会发现两只手的感觉并不相同：一只手感觉水是冷的，而另一只手却感觉水是热的。但事实上容器上的温水处于同一温度。由此可见，要定量地表示出物体的温度，就必须给温度一个严格的定义。

温度概念的建立以及温度的测定都是以热平衡现象为基础的。在热平衡实验中，首先将系统 A 和 B 以绝热壁相互隔开，但使它们同时通过导热壁都与系统 C 热接触，经过足够长的时间后，系统 A、B 分别与 C 处于热平衡；此时若用绝热壁将系统 A、B 与 C 隔开，而将 A 和 B 之间换成导热壁，则系统 A、B 的状态不再发生变化，这表明 A 和 B 也彼此处于热平衡。见图 1-5。

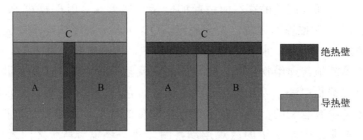

图 1-5　热平衡实验示意图

以上实验结果表明：如果两个热力学系统分别和处于确定状态的第三个系统达到热平衡，则这两个系统彼此也将处于热平衡。这个热平衡的规律就称为热平衡定律或**热力学第零定律**，它是 1931 年由英国物理学家拉尔夫·福勒（Ralph Howard Fowler）提出的。历史上，热力学第一定律和热力学第二定律在热平衡定律发表的 80 年前已被公众所接受，为了表明在逻辑上这个定律应该排在最前面，所以称之为热力学第零定律。

温度的科学定义是由热力学第零定律导出的。当两个系统接触时，描写系统性质的状态函数将自动调整变化，直到两个系统都达到平衡，这就意味着两个系统必定有一个共同的物理性质，表述这个共同的物理性质就是"温度"。换言之，**温度**是表示物体冷热程度的物理量（通常用符号 T 来表示，单位为 K），从微观角度解释就是组成物质的大量分子热运动的剧烈程度，用来量度物体温度数值的标尺叫做**温标**，国际上使用较多的温标有热力学温标（K）、摄氏温标（℃）、华氏温标（℉）等。

热力学第零定律的实质是指出了温度这个状态函数的存在，它不仅给出了温度的概念，而且给出了温度的比较方法。也就是说，在比较各个物体的温度时，不需要将各物体直接接触，只需将一个作为标准的第三系统分别与各个物体相接触达到热平衡即可，这个作为第三物体的标准系统就是温度计。

热与温度的关系

四、热力学第一定律

1. 热力学能 U

系统的总能量包括以下三个方面：系统宏观运动时的动能、系统处于外力场中的势能、系统内部各种形式能量的总和（内能）。例如，在离地面 h 处的水平管道中以速度 v 向前流动的质量为 m 的水，具有整体动能 $1/2mv^2$ 和因重力产生的势能 mgh，这些水的总能量应当是 $1/2mv^2$、mgh 和内能这三部分的总和。

系统的内能也称为**热力学能**，是指静止的封闭系统在一定状态下所具有的能量值，它由以下三个部分组成：

① 分子自身运动的动能：包括分子的平动能、转动能和振动能；分子的动能由分子结构和系统的温度来决定。

② 分子间相互作用的势能：分子间的势能取决于分子间作用力和分子间距离，而分子间距离在宏观上与物质的体积有关；因此分子间相互作用的势能由分子结构和系统的体积来决定。

③ 分子内部的能量：如原子间的键能、原子核内基本粒子间相互作用的核能等；在系统没有发生化学变化的情况下，分子内部的能量为一定值。

由此可见，当系统处于一定的状态，例如系统内物质的分子结构、数量、温度和体积一定时，系统必定具有一定的热力学能。因此热力学能是系统的一个状态函数，通常用符号 U 来表示，单位为 J。热力学能与系统中物质的数量成正比，属于广度性质。如果用 U_1 表示系统在始态时的热力学能，用 U_2 表示终态时的热力学能，那么系统的热力学能改变为一定值，与这一变化所经历的过程无关。

$$\Delta U = U_2 - U_1$$

需要强调的是，系统在某一状态下的热力学能绝对值 U 到目前为止尚无法测定，但任一过程中系统的热力学能改变值 ΔU 是可以测算出来的。这是因为系统热力学能的改变，往往是通过系统与环境交换了能量从而改变了系统的状态造成的，这里提到的能量交换包括传热和做功两种不同的形式。

热力学指出，热不能储存在物体内，只能作为一种在物体间转移的能量形式出现。当热被传递到某个系统后，该系统储存的并不是热，而是增加了它的热力学能。或者我们可以把热比作雨，而把热力学能比作池中的水；系统吸热使其热力学能增加，就犹如雨下到池塘中变成水一样。

2. 热力学第一定律的概念

焦耳·迈耶（Julius Robert Mayer）和亥姆霍兹（Hermann von Helmholtz）经过大量的实验研究，在1842年几乎同时提出了自然界最普遍的基本定律之一——能量守恒与转化定律，其文字表述为：在任何过程中，能量既不能凭空创造，也不能自行消失，但可以从一种形式转化成另一种形式，而不同形式的能量在相互转化时保持总量不变。能量守恒与转化定律在热力学领域的应用称为**热力学第一定律**。根据这一定律，如果封闭系统发生变化，系统从环境吸热Q和环境对系统做功W，都将使系统获得能量，在这个过程中系统的热力学能变化值是：

$$\Delta U = Q + W \tag{1-1}$$

如果系统发生了微小的变化，则热力学能的变化也可表示为：

$$dU = \delta Q + \delta W \tag{1-2}$$

式(1-1)和式(1-2)都是热力学第一定律的数学表达式，它们表明封闭系统发生状态变化时，其热力学能的改变量等于变化过程中环境与系统之间传递的热和功的总和。在应用公式时要注意以下三点：①该式只适用于封闭系统；②公式中的W包括体积功和非体积功；③热力学能U、热Q和功W三者的单位要统一。

> **【例1-1】** 某电池做电功100J，同时放热20J，试求系统热力学能的改变量。
>
> **解**：将电池看作系统，则
> $$\Delta U = Q + W = (-20) + (-100) = -120(J)$$

在热力学发展初期，热和功之间的相互转化是人们研究的主题。第一次工业革命以后，工业和运输行业广泛使用蒸汽机代替人力，人们开始研究怎样消耗最少的燃料而获得尽可能多的机械能，甚至幻想制造出一种机器，既不需要外界提供能量，又能源源不断地对外做功，这就是所谓的第一类永动机（图1-6）。

(a)魔轮 　　(b)滚珠永动机 　　(c)软臂永动机 　　(d)螺旋永动机 　　(e)磁力永动机

图1-6　第一类永动机的模型

历史上最著名的第一类永动机是法国人亨内考在13世纪提出的"魔轮"：这个魔轮的结构是轮子中央有一个转动轴，轮子边缘等距地安装着12根活动短杆，每个短杆的一端装有一个铁球。下行方向的悬臂在重力作用下会向下落，远离转轮中心，使得下行方向力矩加大，而上行方向的悬臂在重力作用下靠近转轮中心，力矩减小，力矩的不平衡驱动魔轮的转动。这个设计曾经被不少人以不同的形式复制出来，但却从未实现永不停息的转动。仔细分析一下就会发现，虽然右边每个球产生的力矩大，但是球的个数少，左边每个球产生的力矩虽小，但是球的个数多。于是轮子不会持续转动下去而对外做功，只会摆动几下，便停止下来。

15世纪，意大利著名的艺术家达·芬奇也曾设计了一个相同原理的类似装置，他在亨内考的基础上进行了研究分析，发现魔轮存在设计缺陷。于是他在设计时将图中右边的圆球远离左边的圆球一些，这样就能保证整个系统更加可靠地运转。然而在达·芬奇进行实验之后发现仍然无法制造出他想要的装置；更重要的是他从这次设计中得出了一个重要的结论，那就是永动机是不可能被实现的。除了利用力矩变化的魔轮和滚珠永动机，此后还有利用浮力和水力等原理的永动机问世，但是实验告诉我们这些永动机的方案要么是失败的，要么是骗局，全部以失败告终。

为了在理论上证明永动机是不可能被实现的，许多科学家尝试从热力学中获得启示。1842 年迈耶提出能量守恒与转化定律，1843 年焦耳提出热力学第一定律，他们从理论上证明了能够凭空制造能量的第一类永动机是不能实现的。因此热力学第一定律的表述方式之一就是：**第一类永动机是不可能制成的。**

3. 焓 H

在热力学中，我们定义封闭系统的**焓**等于热力学能与压力和体积的乘积之和，即

$$H = U + pV$$

当系统的状态一定时，其热力学能 U、压力 p 和体积 V 均具有确定值，因此系统的焓也是确定的。由此可见，焓也是系统的状态函数，通常用符号 H 来表示，单位为 J。与热力学能 U 类似，焓 H 与系统中物质的数量成正比，属于广度性质。由于热力学能 U 的绝对值目前还无法测定，因此焓的绝对值也不可知，但任一过程中系统的焓变值 ΔH 是可以测算出来的。如果用 H_1 表示系统在始态时的焓，用 H_2 表示终态时的焓，那么系统的焓变 ΔH 为一定值，与这一变化所经历的过程无关。

$$\Delta H = H_2 - H_1$$

需要注意的是，作为其他几个状态函数的运算组合，焓并没有明确的物理意义，不能将焓误解为"系统所含的热量"。之所以要定义出这样一个新的状态函数，完全是因为焓在实用过程中非常重要，有了这个状态函数，将来在处理热化学的问题上就会方便很多。

五、热力学第二定律

1. 热机的效率

热机是指将热转化为功的一类动力机械装置，它的诞生让人类摆脱了繁重的体力劳动，极大地促进了生产力的发展，带来了人类社会的第一次工业革命。热机的工作原理（图 1-7）是使工作物质运行于两个温度不同的热源之间，从高温热源吸收热量，并将其中的一部分热转化为功，其余热量则传递给低温热源，因此热机的效率定义为：

$$\eta = \frac{|W|}{Q_1} = \frac{Q_1 + Q_2}{Q_1} \tag{1-3}$$

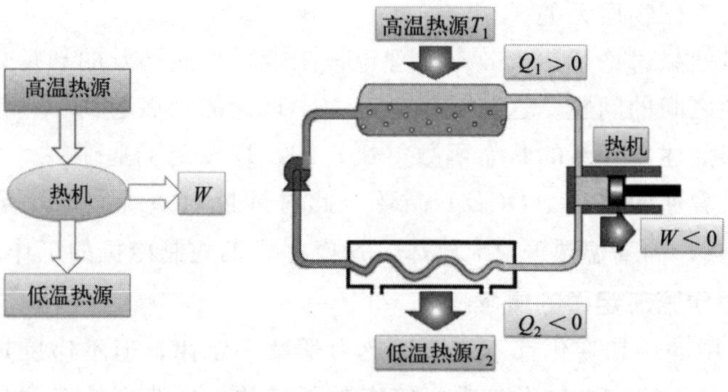

图 1-7　热机的工作原理

显然，在热机的使用过程中不可避免地会造成部分能量的损失。19 世纪初，热机的效率大约只有 3‰～5‰，巨大的能量浪费促使许多科学家和工程师都试图从理论上去寻找提高热机效率的方法。1824 年，年轻的法国工程师萨迪·卡诺（Nicolas Léonard Sadi Carnot）设计了一台工作于两个定温热源之间的理想热机——卡诺热机，这种热机以理想气体为工作物质，其工作过程由等温可逆膨胀、绝热可逆膨胀、等温可逆压缩和绝热可逆压缩四个步骤共同构成了一个可逆的循环过程，被称为**卡诺循环**（图 1-8）。

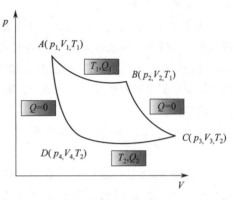

图 1-8　卡诺循环示意图

卡诺通过对这种理想热机的研究，找到了热功转换的最大限度，即卡诺热机的效率为：

$$\eta_r = \frac{T_1 - T_2}{T_1} = 1 - \frac{T_2}{T_1} \quad (0 < \eta_r < 1) \qquad (1-4)$$

式（1-4）表明：卡诺热机的效率只与两个热源的温度有关，低温热源与高温热源之间的比值越小，卡诺热机的效率越高。这就从另一个侧面揭示出热功转换的不等价性，即能量的品质具有高低之分——相同数量的热，放在高温热源时所做的功更多。换言之，温度越高，热的品质越好。

【例 1-2】 现有一台可逆热机在 120℃ 与 30℃ 之间工作，若要此热机供给 1000J 的功，则需要从高温热源吸收多少热量？

　　解：可逆热机的最大效率为

$$\eta_r = \frac{|W|}{Q_1} = \frac{T_1 - T_2}{T_1} = \frac{(120 + 273.15) - (30 + 273.15)}{(120 + 273.15)} = 22.89\%$$

$$Q_1 = \frac{|W|}{\eta_r} = \frac{|(-1000)|}{22.89\%} = 4369(J)$$

卡诺在总结前期研究工作的基础上，得出以下结论：工作于两个定温热源之间的所有热机，以可逆热机的效率最高，即

$$\eta \leqslant \frac{T_1 - T_2}{T_1} \left\{ \begin{array}{l} = 可逆热机 \\ < 不可逆热机 \end{array} \right. \qquad (1-5)$$

式（1-5）被称为**卡诺定理**。根据这一定理，还可以做出如下推论：可逆热机的效率只取决于两个热源的温度，而与工作物质无关。

卡诺循环与卡诺定理虽然只讨论了热机效率的理论极限值，但所涉及的却是热力学中有关过程的可逆性与不可逆性之间的问题。这些成果对热力学理论的发展起到了非常重要的推动作用，为热力学第二定律的建立和新的状态函数（熵）的发现奠定了基础。

此外，若将卡诺循环沿着逆向路径 ADCBA 循环，此时环境对系统做功，系统自低温热源 T_2 吸热，向高温热源 T_1 放热，这就是压缩式制冷机的工作原理。

2. 热力学第二定律的概念

自然界中的一切变化都不能违反热力学第一定律，但不违反热力学第一定律的过程是否能够自动发生呢？答案是否定的，最典型的案例是热可以自动从高温物体流向低温物体，但它的逆过程却无法自发进行。由此可见，热

压缩式制冷机
的工作原理

力学第一定律存在明显的局限性，因为它并未阐明能量在传递与转化过程中与传递方向及限度有关的问题。大量事实表明：人类在利用能量时，尽管其数量是守恒的，但其质量却是不断下降的。换言之，当今世界产生能源危机的本质原因是高级能量在使用过程中必将贬值为低级能量，从而导致做功能力的衰减。因此，热力学第二定律的本质是断定自然界中一切实际进行的过程都是不可逆的。

人们通过研究自发过程的共同特点，在热功转换的基础上提出了热力学第二定律，其经典表述为：①1850年，德国物理学家克劳修斯（Rudolf Julius Emanuel Clausius）指出不可能将热从低温物体传递到高温物体，而不引起其他变化；②1851年，德国物理学家开尔文（William Thomson）指出不可能从单一热源吸热使之完全转变为功，而不引起其他变化。这两种说法在本质上是一致的，它们都用于描述某个自发过程的单向性和不可逆性；但需要明确一点，克劳修斯和开尔文强调的重点是"在不引起其他变化"的前提下，"热无法从低温物体传递到高温物体"或"热不能完全转变为功"，这个前提条件是必不可少的。例如，开动制冷机就可以将热从低温物体转移到高温物体，但环境消耗了电能；理想气体从恒温热源吸收的热量在等温可逆膨胀过程中也可以全部转变为功，但伴随的变化是气体的体积增大，即系统自身的状态发生了改变。

综上所述，尽管热和功都是能量的传递方式，但二者有着本质的区别。热力学第二定律表明：功转化为热是无条件的，而热转化为功则是有条件、有限度的。

自从热力学第一定律建立之后，人们就不再幻想设计出不用外界提供能量而不断做功的第一类永动机了。当时有人想，在不违背热力学第一定律的前提下设计出一种机器，它可以从空气和大海这样单一的巨大热源中源源不断地吸热做功，那样得到的功也是十分廉价的，这种机器称为第二类永动机。但是无数次的实验也都以失败告终，实践经验告诉我们这是不可能的事。因为蒸汽机做功需要在两个温度不同的热源之间工作，工作物质在循环过程中需要从一个高温热源吸热，其中只有少部分转变为功，大部分热量则要传递到温度较低的热源中去。因此蒸汽机实际的效率永远小于100%。如果能连续地直接从海洋中提取热量来做功，这样航海就不需要携带燃料了。但是如果我们要把海洋当作高温热源，那么必须找到另一个热源，它至少要和海洋一样大，而且温度比海洋还要低，显然这样的低温热源是找不到的。

历史上首个成型的第二类永动机装置是1881年美国人约翰·嘎姆吉为美国海军设计的零发动机，这一装置利用海水的热量将液氨气化，推动机械运转。但是这一装置无法持续运转，因为汽化后的氨在没有低温热源存在的条件下无法重新液化，因而不能完成循环。因此，热力学第二定律的表述方式之一就是：**第二类永动机是不可能造成的**。

3. 熵 S

热力学第二定律告诉我们，能量在转化时所表现出的方向性是由于不同能量具有的价值不同而造成的，这种"价值"是指能量可以用来做功的可利用性或转化效率。自然界中各种形式的能量根据品质高低的不同，可将其划分为以下三类：

① 高级能：理论上可以完全转化为功的能量，如机械能、电能、风能。

② 低级能：理论上只能部分转化为功的能量，如热能、热力学能。

③ 僵态能：完全不能转化为功的能量，如大气、天然水源具有的热力学能。

在生产过程中，高级能量贬值为低级能量的现象普遍存在，只有在完全可逆的理想条件下能量的品质才能保持不变；换言之，一切实际过程总是朝着能量降级的方向进行。1865

年，克劳修斯在卡诺定理和热力学第二定律的基础上推导出一个重要的函数——熵 S，用于定量地描述系统中能量的价值，即

$$\Delta S = S_2 - S_1 = \int_1^2 \left(\frac{\delta Q}{T}\right)_r \tag{1-6a}$$

显然，如果用 S_1 表示系统在始态时的熵，用 S_2 表示终态时的熵，那么封闭系统的熵变为一定值，而与这一变化所经历的过程无关。由此可见，熵也是系统的一个状态函数，单位为 $J \cdot K^{-1}$；熵与系统中物质的数量成正比，属于广度性质；系统在某一状态下的熵的绝对值 S 到目前为止尚无法测定，但任一可逆过程中系统熵的改变值 ΔS 在数值上等于该过程的热温商。

若系统实际经历的是一个不可逆过程，则

$$\Delta S = S_2 - S_1 > \int_1^2 \left(\frac{\delta Q}{T}\right)_{ir} \tag{1-6b}$$

将式(1-6a)与式(1-6b)合并可得

$$\Delta S \geqslant \int_1^2 \left(\frac{\delta Q}{T}\right) \left\{\begin{array}{l} = 可逆过程 \\ > 不可逆过程 \end{array}\right\} \tag{1-7}$$

式(1-7)称为**克劳修斯不等式**，它也是热力学第二定律的数学表达式。需要强调的是，利用克劳修斯不等式只能判断一个过程是否可逆，但无法判断不可逆过程能否自发进行。

六、热力学第三定律

1. 热力学第三定律的概念

20世纪初，科学家们通过对极低温度下凝聚系统的化学反应进行研究，总结出一条规律：在绝对零度时，所有微粒的运动都处于最低能级，此时对于纯物质的完美晶体而言，原子将以完全规则的点阵结构排列在晶格上，这样的排布状态只有一种，此时纯物质所对应的熵值最低，我们将其规定为熵的零点，即

$$S_m^* (完美晶体, 0K) = 0 J \cdot K^{-1} （"*"表示纯物质） \tag{1-8}$$

式(1-8)被称为热力学第三定律，其文字表述为：任何纯物质的完美晶体在0K时的摩尔熵为零。热力学第三定律最初由德国物理学家普朗克（Max Karl Ernst Ludwig Planck）于1911年提出，之后在1920年路易斯和吉布森对其进行了修正。

众所周知，温度这一概念是从宏观角度衡量物体冷热程度的标准，从微观层面来看则是衡量分子运动剧烈程度的指标。宇宙的最低温度极限值是 $-273.15℃$，也就是通常所说的绝对零度(0K)；但绝对零度在现实中是无法达到的，它只是理论的下限值。目前人类所观测到宇宙中最冷的地方是距离地球约5000光年的回力棒星云，它的温度仅为 $-272.15℃$。而处于地球上的人类在实验室中能够获得的最低温度仅比 $-273.15℃$ 高出了三十八万亿分之一摄氏度，这一纪录是由德国不来梅大学的微重力研究中心创造的，该研究成果于2021年发表在《Physical Review Letters》杂志上。因此，热力学第三定律的表述方式之一就是：**热力学零度是无法达到的。**

2. 标准摩尔熵

1mol纯物质 B 处于标准状态下所具有的熵的绝对值形式称为**标准摩尔熵**，用 $S_m^{\ominus}$ (B，相态，T)表示，单位是 $J \cdot K^{-1} \cdot mol^{-1}$。常见物质在298.15K下的标准摩尔熵如表1-2所示。

表 1-2　一些物质的标准摩尔熵（298.15K）　　　　单位：J·K^{-1}·mol^{-1}

固体		液体		气体	
Ag	42.68	Hg	76.02	H$_2$	130.6
C（石墨）	5.77	Br$_2$	152.3	N$_2$	191.5
C（金刚石）	2.44	H$_2$O	70.00	O$_2$	205.1
Cu	33.4	HNO$_3$	155.6	Cl$_2$	223.0
Zn	41.6	C$_2$H$_5$OH	161.0	CO$_2$	213.7
I$_2$	116.2	CH$_3$OH	126.7	HCl	186.8
S（斜方）	31.9	C$_6$H$_6$	49.03	H$_2$S	205.6
AgCl	96.2	CH$_3$COOH	159.8	NH$_3$	192.5
AgBr	104.6	C$_6$H$_{12}$	298.2	CH$_4$	186.1
CuSO$_4$·5H$_2$O	305.4			C$_2$H$_8$	229.4
HgCl$_2$	144			CH$_3$CHO	265.7

当任一化学反应 aA$+b$B$\Longrightarrow y$Y$+z$Z 中所有物质都处于 298.15K 时的标准态，则利用物质的标准摩尔熵可计算出该反应的标准摩尔反应熵 $\Delta_r S_m^{\ominus}$：

$$\Delta_r S_m^{\ominus}(298.15K) = y S_m^{\ominus}(Y) + z S_m^{\ominus}(Z) - a S_m^{\ominus}(A) - b S_m^{\ominus}(B)$$
$$= \sum_B \nu_B S_m^{\ominus}(B,相态,298.15K) \tag{1-9}$$

【例 1-3】已知 298.15K 下，N$_2$(g)、H$_2$(g)和 NH$_3$(g)的标准摩尔熵分别为 191.5J·K^{-1}·mol^{-1}、130.6J·K^{-1}·mol^{-1} 和 192.5J·K^{-1}·mol^{-1}，试计算合成氨反应 N$_2$(g)$+3$H$_2$(g)$\Longrightarrow 2$NH$_3$(g)在该温度下的标准摩尔反应熵。

解： 由

$$\Delta_r S_m^{\ominus}(298.15K) = \sum_B \nu_B S_m^{\ominus}(B,相态,298.15K)$$

可得

$$\Delta_r S_m^{\ominus}(298.15K) = 2 S_m^{\ominus}[NH_3(g),298.15K] - S_m^{\ominus}[N_2(g),298.15K] - 3 S_m^{\ominus}[H_2(g),298.15K]$$
$$= 2 \times 192.5 - 191.5 - 3 \times 130.6 = -198.3(J·K^{-1}·mol^{-1})$$

3. 熵的物理意义

克劳修斯所定义的状态函数熵 S 在热力学领域具有不可替代的作用，这一概念最初用于描述"系统的能量退化"，直到 1877 年奥地利物理学家玻尔兹曼（Ludwig Edward Boltzmann）利用统计热力学原理从微观角度揭示了熵的物理意义（图 1-9）：

$$S = k \ln \Omega \tag{1-10}$$

式(1-10) 称为**玻尔兹曼公式**，它表明：熵 S 是系统微观混乱度 Ω 的宏观度量——即系统内部混乱度增加的过程就是熵增大的过程。换言之，热力学第二定律的本质是一切自发过程总是朝着混乱度增大的方向进行。例如，同一物质处于不同的聚集状态下时，有 $S(g) > S(l) > S(s)$；同一系统处于不同温度下时，有 $S(高温) > S(低温)$；同一系统处于不同压力下时，有 $S(低压) > S(高压)$。

七、热力学基本判据

1. 隔离系统的判据

对于隔离系统来说，系统与环境之间不存在任何物质交换和能量传递，若将克劳修斯不等式应用于隔离系统，可得

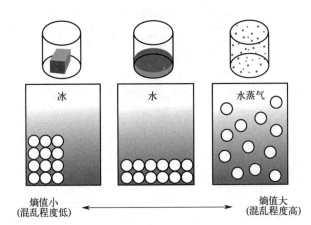

熵的物理意义

图 1-9 熵的物理意义

$$\Delta S_{\mathrm{iso}} \geqslant 0 \left. \begin{cases} = 可逆过程 \\ > 自发过程 \end{cases} \right. \tag{1-11a}$$

上式称为**熵判据**，它表示隔离系统的熵永不减少。由于隔离系统不受外界环境的任何干扰，因此隔离系统中发生的任何不可逆过程必然是自发变化；而自发过程总是由非平衡态趋向于平衡态，即隔离系统处于平衡态时熵值达到最大值。由此可见，熵判据可直接用于判断过程的方向与限度。

在解决实际问题时，通常将系统和与系统紧密相关的那部分环境合并在一起看作一个隔离系统来研究，故而熵判据也可表示为

$$\Delta S_{\mathrm{iso}} = \Delta S_{\mathrm{sys}} + \Delta S_{\mathrm{sur}} \geqslant 0 \left. \begin{cases} = 可逆过程 \\ > 自发过程 \end{cases} \right. \tag{1-11b}$$

2. 封闭系统的判据

在实际生产中，真正的隔离系统并不存在，因此有必要引入新的状态函数来判断封闭系统中过程的自发性。

德国物理学家亥姆霍兹（Hermann von Helmholtz）定义状态函数 $A = U - TS$，用于判断封闭系统在等温、等容且非体积功 W' 为零的条件下，过程的方向与限度，即

$$\Delta A_{T,V} \leqslant 0 \left. \begin{cases} = 可逆过程（平衡状态） \\ < 不可逆过程（自发过程） \end{cases} \right. \tag{1-12}$$

式（1-12）称为**亥姆霍兹函数判据**，它表示：封闭系统中的过程总是自发地朝着亥姆霍兹函数减小的方向进行，直至达到该条件下亥姆霍兹函数的最小值为止；在亥姆霍兹函数处于最小值的平衡态，封闭系统中发生的一切过程都是可逆过程。

美国物理化学家吉布斯（Josiah Willard Gibbs）定义状态函数 $G = H - TS$，用于判断封闭系统在等温、等压且非体积功 W' 为零的条件下，过程的方向与限度，即

$$\Delta G_{T,p} \leqslant 0 \left. \begin{cases} = 可逆过程（平衡状态） \\ < 不可逆过程（自发过程） \end{cases} \right. \tag{1-13}$$

式（1-13）称为**吉布斯函数判据**，它表示：封闭系统中的过程总是自发地朝着吉布斯函数减小的方向进行，直至达到该条件下吉布斯函数的最小值为止；在吉布斯函数处于最小值的平衡态，封闭系统中发生的一切过程都是可逆过程。

需要强调的是，$\Delta A_{T,V} > 0$ 或 $\Delta G_{T,p} > 0$ 的过程不是无法发生，而是不能自动发生。

由此可见，亥姆霍兹函数 A 和吉布斯函数 G 与焓 H 一样都属于辅助状态函数，它们都没有明确的物理意义，但借助于这几个辅助函数可以更方便高效地处理热力学问题。

【提升篇】

一、热的计算

化工生产的许多过程都伴随有显著的热效应，例如温度变化、相变化、化学反应以及混合过程等。热是途径函数，其数值大小与系统发生变化的具体途径有关。在实际的研究和生产过程中，最常涉及的是等容过程和等压过程：例如在一个密闭且具有固定体积的反应釜中进行的过程就属于等容过程；而将敞口容器置于大气压下进行的过程则属于等压过程。因此，计算这两种类型的热具有重要的应用价值。

等容热是指封闭系统在不做非体积功 W' 的等容过程中系统与环境交换的热，用符号 Q_V 表示。

根据热力学第一定律可知

$$\Delta U = Q_V + W = Q_V - p_{su}\Delta V$$

由于等容过程中 $\Delta V = 0$，因此

$$Q_V = \Delta U \tag{1-14}$$

上式表明：对于非体积功 W' 为零的等容过程，封闭系统从环境中吸收的热，将全部用于系统热力学能的增加。

等压热是指封闭系统在不做非体积功 W' 的等压过程中系统与环境交换的热，用符号 Q_p 表示。

根据热力学第一定律可知

$$\Delta U = Q_p + W = Q_p - p_{su}\Delta V = Q_p - p_{su}(V_2 - V_1)$$

由于等压过程中 $p_{su} = p_1 = p_2$，因此

$$Q_p = \Delta U + p_{su}(V_2 - V_1) = (U_2 - U_1) + (p_2 V_2 - p_1 V_1)$$

整理得

$$Q_p = (U_2 + p_2 V_2) - (U_1 + p_1 V_1) = H_2 - H_1$$

即

$$Q_p = \Delta H \tag{1-15}$$

上式表明：对于非体积功 W' 为零的等压过程，封闭系统从环境中吸收的热，将全部用于系统焓的增加。

式(1-14) 和式(1-15) 把两种特定条件下系统与环境之间交换的热分别与状态函数 U、H 的改变量联系在一起，为热力学数据的建立、测定和应用提供了理论依据。

1. 显热的计算

封闭系统在不发生相变化和化学变化的条件下，仅因温度改变而与环境交换的热叫做**显热**。要计算显热，首先需要了解物质的热容。

使一定量的均相纯物质在无相变、无化学变化的条件下温度改变 1K 所需的热称为**热容**，通常用符号 C 表示，单位为 $J \cdot K^{-1}$。用导数形式定义为

$$C = \frac{\delta Q}{dT}$$

热容是一个与系统的物质数量成正比的广度性质。在化学工程中常取 1kg 物质为单位，这时的热容称为**比热容**，单位是 $J \cdot K^{-1} \cdot kg^{-1}$；而在化学热力学中常取 1mol 物质为单位，这时的热容称为**摩尔热容**，单位为 $J \cdot K^{-1} \cdot mol^{-1}$。

此外，热容的数值还与升温条件有关。在物理化学研究中，摩尔热容分为等容摩尔热容 $C_{V,m}$ 和等压摩尔热容 $C_{p,m}$ 两类，其定义分别为

$$C_{V,m} = \frac{C_V}{n} = \frac{1}{n} \times \frac{\delta Q_V}{dT} = \frac{1}{n}\left(\frac{\partial U}{\partial T}\right)_V$$

$$C_{p,m} = \frac{C_p}{n} = \frac{1}{n} \times \frac{\delta Q_p}{dT} = \frac{1}{n}\left(\frac{\partial H}{\partial T}\right)_p$$

等压摩尔热容 $C_{p,m}$ 与等容摩尔热容 $C_{V,m}$ 的比值叫做**热容比**，用符号 γ 表示。

$$\gamma = \frac{C_{p,m}}{C_{V,m}}$$

大量实验结果表明，物质的热容还与温度有关，其数值随温度的升高而逐渐增大。常用的等压摩尔热容与温度之间的经验关系式有以下两种：

$$C_{p,m} = a + bT + cT^2 \tag{1-16a}$$

$$C_{p,m} = a + bT + c'T^{-2} \tag{1-16b}$$

式中，a、b、c 和 c' 是经验常数，它们随物质种类、相态和使用温度范围的不同而异（表 1-3）。

表 1-3　一些气体的等压摩尔热容 $C_{p,m}$ 与温度 T 的关系　（$C_{p,m} = a + bT + cT^2$）

物质	$a/J \cdot K^{-1} \cdot mol^{-1}$	$b \times 10^3/J \cdot K^{-1} \cdot mol^{-1}$	$c \times 10^6/J \cdot K^{-1} \cdot mol^{-1}$	适用温度范围/K
H_2	26.88	4.347	-0.3265	$273 \sim 3800$
Cl_2	31.696	10.144	-4.038	$300 \sim 1500$
Br_2	35.241	4.075	-1.487	$300 \sim 1500$
O_2	28.17	6.297	-0.7494	$273 \sim 3800$
N_2	27.32	6.226	-0.9502	$273 \sim 3800$
HCl	28.17	1.810	1.547	$300 \sim 1500$
H_2O	29.16	14.49	-2.022	$273 \sim 3800$
CO	26.537	7.6831	-1.172	$300 \sim 1500$
CO_2	26.75	42.258	-14.25	$300 \sim 1500$
CH_4	14.15	75.496	-17.99	$298 \sim 1500$
C_2H_6	9.401	159.83	-46.229	$298 \sim 1500$
C_2H_4	11.84	119.67	-36.51	$298 \sim 1500$

由于理想气体的热力学能和焓只与温度有关，因此当系统分别发生等容变温和等压变温过程时，有

$$Q_V = \Delta U = \int_{T_1}^{T_2} nC_{V,m}dT \tag{1-17a}$$

$$Q_p = \Delta H = \int_{T_1}^{T_2} nC_{p,m}dT \tag{1-17b}$$

若系统的温度变化范围不大，通常可将 $C_{V,m}$ 和 $C_{p,m}$ 看作常数，则上式可简化为

$$Q_V = \Delta U = nC_{V,m}(T_2 - T_1) \tag{1-18a}$$

$$Q_p = \Delta H = nC_{p,m}(T_2 - T_1) \tag{1-18b}$$

【例 1-4】 已知 Ar(g) 的等容摩尔热容为 $12.47 \mathrm{J} \cdot \mathrm{K}^{-1} \cdot \mathrm{mol}^{-1}$，试计算将 10.0g 的 Ar(g) 在等容条件下从 25℃ 升温至 35℃ 所需的热量。

解: Ar(g) 的摩尔质量为 $39.9 \mathrm{g} \cdot \mathrm{mol}^{-1}$

$$Q_V = n C_{V,m}(T_2 - T_1) = \frac{10.0}{39.9} \times 12.47 \times (308.15 - 298.15) = 31.25(\mathrm{J})$$

【例 1-5】 已知 CO_2(g) 的等压摩尔热容 $C_{p,m} = 44.14 + 9.04 \times 10^{-3} T - 8.54 \times 10^5 T^{-2}$，试计算 1mol CO_2(g) 在大气压力下从 298K 升温至 473K 时系统的焓变。

解: 由题意知，该过程为等压过程

$$\Delta H = Q_p = \int_{T_1}^{T_2} n C_{p,m} \mathrm{d}T = \int_{298}^{473} (44.14 + 9.04 \times 10^{-3} T - 8.54 \times 10^5 T^{-2}) \mathrm{d}T$$

$$= 44.14 \times (473 - 298) + \frac{1}{2} \times 9.04 \times 10^{-3} \times (473^2 - 298^2) + 8.54 \times 10^5 \times \left(\frac{1}{473} - \frac{1}{298}\right)$$

$$= 7.28 \times 10^3 (\mathrm{J})$$

当理想气体缺乏热容数据时，可根据气体分子运动论对热容做如下估算:

① 单原子理想气体

$$C_{V,m} = \frac{3}{2}R \quad C_{p,m} = \frac{5}{2}R \quad \gamma = \frac{5}{3}$$

② 双原子理想气体

$$C_{V,m} = \frac{5}{2}R \quad C_{p,m} = \frac{7}{2}R \quad \gamma = \frac{7}{5}$$

③ 多原子理想气体（非线型）

$$C_{V,m} = 3R \quad C_{p,m} = 4R \quad \gamma = \frac{4}{3}$$

在相同的温度下，同一气态物质的 $C_{p,m}$ 与 $C_{V,m}$ 在数值上往往不同，且 $C_{p,m} > C_{V,m}$。其原因是在等容升温过程中，系统对环境不做体积功，升温时所吸收的热量全部用于增加气体分子热运动的动能；而在等压升温过程中，系统除了增加气体分子的动能外，还需要额外吸收一部分热量用于对环境做体积功。对于 1mol 理想气体而言，$C_{p,m} - C_{V,m} = R$ 这一关系始终成立。

2. 潜热的计算

封闭系统由于发生一级相变而与环境交换的热称为**潜热**。化工生产中常见的潜热有四种类型（图 1-10）。

由于相变过程通常在恒温、恒压且非体积功 W' 为零的条件下进行，因此相变热在数值上等于系统的焓变，即相变焓 $\Delta_\alpha^\beta H$。用公式表示为

$$Q_p = \Delta_\alpha^\beta H = n\Delta_\alpha^\beta H_m \tag{1-19}$$

式 (1-19) 中 $\Delta_\alpha^\beta H_m$ 称为**摩尔相变焓**，是指 1mol 纯物质在恒定温度及该温度的平衡压力下发生一级相变时所对应焓变，单位为 $\mathrm{J} \cdot \mathrm{mol}^{-1}$；其中 α 表示初始相态，β 表示终了相态。通常物质的汽化焓用 $\Delta_{vap} H_m$ 表示，熔化焓用 $\Delta_{fus} H_m$ 表示，升华焓用 $\Delta_{sub} H_m$ 表示，晶型转变焓用 $\Delta_{trs} H_m$ 表示。

摩尔相变焓是物质的热力学基础数据。以摩尔蒸发焓 $\Delta_{vap} H_m$ 为例，在化工手册中除了极少数物质（如水）能查到不同温度下的数据外，绝大多数物质只有正常沸点下的数据。这

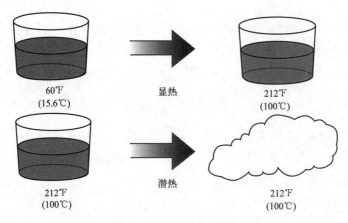

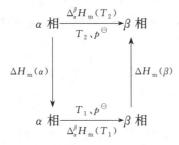

图 1-10　显热与潜热的区别

就需要通过利用已知温度 T_1 下的摩尔相变焓 $\Delta_\alpha^\beta H_m(T_1)$，求出任一温度 T_2 下的摩尔相变焓 $\Delta_\alpha^\beta H_m(T_2)$。

$$
\begin{array}{ccc}
\alpha\ 相 & \xrightarrow[T_2,\ p^\ominus]{\Delta_\alpha^\beta H_m(T_2)} & \beta\ 相 \\
\Big\downarrow \Delta H_m(\alpha) & & \Big\downarrow \Delta H_m(\beta) \\
\alpha\ 相 & \xrightarrow[\Delta_\alpha^\beta H_m(T_1)]{T_1,\ p^\ominus} & \beta\ 相
\end{array}
$$

由状态函数的特点可知，系统的焓变只取决于始态和终态而与经历的途径无关。故而有

$$
\Delta_\alpha^\beta H_m(T_2)=\Delta H_m(\alpha)+\Delta_\alpha^\beta H_m(T_1)+\Delta H_m(\beta)=\Delta_\alpha^\beta H_m(T_1)+\int_{T_2}^{T_1}C_{p,m}(\alpha)\,\mathrm{d}T+\int_{T_1}^{T_2}C_{p,m}(\beta)\,\mathrm{d}T
$$

即

$$
\Delta_\alpha^\beta H_m(T_2)=\Delta_\alpha^\beta H_m(T_1)+\int_{T_1}^{T_2}\left[C_{p,m}(\beta)-C_{p,m}(\alpha)\right]\mathrm{d}T \tag{1-20}
$$

【例 1-6】 在标准压力 $p^\ominus$ 下，100℃时 $H_2O(l)$ 的摩尔蒸发焓为 $40.67\,\mathrm{kJ\cdot mol^{-1}}$，试求 25℃时 $H_2O(l)$ 的摩尔蒸发焓。已知在 25～100℃的温度区间内，$H_2O(l)$ 和 $H_2O(g)$ 的等压摩尔热容分别为 $75.3\,\mathrm{J\cdot K^{-1}\cdot mol^{-1}}$ 和 $33.2\,\mathrm{J\cdot K^{-1}\cdot mol^{-1}}$。

解： $\qquad\qquad\qquad\qquad H_2O(l)\rightleftharpoons H_2O(g)$

$$
\begin{aligned}
\Delta_{vap}H_m(298.15K)&=\Delta_{vap}H_m(373.15K)+\int_{373.15}^{298.15}\left[C_{p,m}(H_2O,g)-C_{p,m}(H_2O,l)\right]\mathrm{d}T\\
&=40.67+(33.2-75.3)\times10^{-3}\times(298.15-373.15)=43.83(\mathrm{kJ\cdot mol^{-1}})
\end{aligned}
$$

此外潜热还可以采用经验公式进行计算，这在手册中无法查到现成数据时十分有用。化工生产过程中用得较多的是质量汽化焓，下面介绍几个计算质量汽化焓的常用公式。

① 正常沸点下质量汽化焓的计算：本公式的相对误差一般不超过 3%。

$$
\Delta H_V=1.093\times\frac{RT_cT_{br}(1.2897+\ln p_c)}{0.930-T_{br}}
$$

式中　ΔH_V——质量汽化焓，$\mathrm{J\cdot g^{-1}}$；

T_c——物质的临界温度，K；

p_c——物质的临界压力，MPa；

T_{br}——正常沸点时的对比温度，$T_{br}=T_b/T_c$；

T_b——物质的正常沸点，K。

② 其他温度下质量汽化焓的计算：本公式适用于在工程中计算质量汽化焓随温度的变化，下标 1 与 2 分别指两种温度下的质量汽化焓与相应的对比温度 T_r；在离临界温度 10K 以外，计算结果的平均相对误差仅有 1.8%。

$$\frac{\Delta H_{V2}}{\Delta H_{V1}}=\left(\frac{1-T_{r2}}{1-T_{r1}}\right)^{0.38}$$

式中　ΔH_V——质量汽化焓，$J \cdot g^{-1}$。

T_r——对比温度，$T_r=T/T_c$。

表 1-4 为常见液体及其蒸气的潜热与相变温度。

表 1-4　常见液体及其蒸气的潜热与相变温度

物质	熔点/℃	质量熔化焓/$J \cdot g^{-1}$	沸点/℃	质量汽化焓/$J \cdot g^{-1}$
乙醇	−114	108	78.3	855
氨	−75	339	−33.34	1369
二氧化碳	−78	184	−57	574
氦			−268.93	21
氢	−259	58	−253	455
氮	−210	25.7	−196	200
氧	−219	13.9	−183	213
甲苯	−93		110.6	351
松脂				293
水	0	334	100	2260

3. 化学反应热的计算

在反应物与生成物温度相等的条件下，对于非体积功 W' 为零的化学变化过程，反应系统所吸收或释放的热称为**化学反应热**。要讨论封闭系统中的化学变化，首先需要引入一个重要的物理量——反应进度 ξ。对于化学反应 $aA+cC \Longrightarrow yY+zZ$，若用 ν_B 表示反应系统中任一物质 B 的化学计量数，则反应进度 ξ 定义为：

$$\xi=\frac{\Delta n_B}{\nu_B} \tag{1-21}$$

式(1-21) 中，反应物的 ν_B 取负值，生成物的 ν_B 取正值，反应进度 ξ 的单位为 mol。**反应进度**是一个化学反应系统所进行的动态程度的体现，因为它可以同时反映出原料与产物在化学变化时的消耗与增加程度。对于确定的化学反应方程式，无论选择哪种组分来计算反应进度 ξ，在任一时刻的数值始终相等。

若化学反应 $aA+cC \Longrightarrow yY+zZ$ 中的各物质均处于热力学标准态，则当反应进度 ξ 为 1mol 时所引起系统的焓变称为该反应的**标准摩尔反应焓**，用 $\Delta_r H_m^{\ominus}(T)$ 表示，单位为 kJ·mol^{-1}。根据状态函数的特点，可以定义

$$\Delta_r H_m^{\ominus}(T)=[yH_m^{\ominus}(Y)+zH_m^{\ominus}(Z)]-[aH_m^{\ominus}(A)+cH_m^{\ominus}(C)]=\sum_B \nu_B H_m^{\ominus}(B,相态,T) \tag{1-22}$$

由于焓的绝对值无法测定，因此式(1-22) 不能直接用于计算化学反应的 $\Delta_r H_m^{\ominus}(T)$。

换言之，我们必须选定一个对反应物和生成物都相同的相对标准，由此求出二者之间的差值。在热力学中，我们常用以下两种方式计算化学反应的标准摩尔反应焓：

$$\Delta_r H_m^{\ominus}(298.15K) = \sum_B \nu_B \Delta_f H_{m,B}^{\ominus}(B, 相态, 298.15K) \tag{1-23a}$$

$$\Delta_r H_m^{\ominus}(298.15K) = -\sum_B \nu_B \Delta_c H_{m,B}^{\ominus}(B, 相态, 298.15K) \tag{1-23b}$$

式(1-23a)中的 $\Delta_f H_{m,B}^{\ominus}$ 为任一物质 B 的**标准摩尔生成焓**（表1-5），它是指在100kPa和一定温度下，由元素的最稳定单质化合生成1mol化合物时系统的焓变，我们规定各种稳定单质在任意温度下的 $\Delta_f H_m^{\ominus}(B，相态，T)$ 均为零。这里需要强调的是，虽然在定义物质的标准摩尔生成焓时没有规定具体的温度，但目前化工手册中给出的热力学数据都是在298.15K下的数值。其原因是当各元素处于100kPa和298.15K条件下，稀有气体的稳定单质为单原子气体；氢、氮、氧、氟、氯的稳定单质为双原子气体；溴和汞的稳定单质为液体；而具有多种同素异形体的固态单质则通常为性质最稳定的晶体（如石墨、正交硫等）。

式(1-23b)中的 $\Delta_c H_{m,B}^{\ominus}$ 为任一物质 B 的**标准摩尔燃烧焓**（表1-6），它是指在100kPa和一定温度下，1mol可燃物完全燃烧生成指定产物时系统的焓变，我们规定各种指定的燃烧产物在任意温度下的 $\Delta_c H_m^{\ominus}(B，相态，T)$ 均为零。在298.15K下 C、H、N、P、S 元素的指定燃烧产物分别为 $CO_2(g)$、$H_2O(l)$、$N_2(g)$、$P_2O_5(s)$、$SO_2(g)$。

表1-5 一些物质的标准摩尔生成焓 (298.15K)

物质	$\Delta_r H_m^{\ominus}/kJ \cdot mol^{-1}$	物质	$\Delta_r H_m^{\ominus}/kJ \cdot mol^{-1}$	物质	$\Delta_r H_m^{\ominus}/kJ \cdot mol^{-1}$
$AgCl(s)$	-127	$FeS_2(s)$	-178	$KNO_3(s)$	-493
$AlCl_3(s)$	-695	$Fe_2(SO_4)_3(s)$	-2733	$K_2SO_4(s)$	-1434
C(金刚石)	1.9	$HCl(g)$	-92.3	$MgCl_2(s)$	-642
$CO(g)$	-111	$HI(g)$	25.9	$NH_3(g)$	-46.2
$CO_2(g)$	-394	$HNO_3(g)$	-144	$NO(g)$	90.4
$CaCO_3$(方解石)	-1207	$HNO_3(l)$	-173	$NO_2(g)$	33.9
$CaO(s)$	-635	$H_2O(g)$	-242	$NaCl(s)$	-411
$FeO(s)$	-272	$H_2O(l)$	-286	$PbO_2(s)$	-277
Fe_2O_3(赤铁矿)	-824	$H_2S(g)$	-20.2	$PbSO_4(s)$	-918
Fe_3O_4(磁铁矿)	-1117	$H_2SO_4(l)$	-811	$SO_2(g)$	-297
$FeS(s)$	-95.1	$KHSO_4(s)$	-1158	$SO_3(g)$	-395

表1-6 一些有机物的标准摩尔燃烧焓 (298.15K)

物质	$\Delta_c H_m^{\ominus}/kJ \cdot mol^{-1}$	物质	$\Delta_c H_m^{\ominus}/kJ \cdot mol^{-1}$
$CH_4(g)$ 甲烷	-890.31	$C_2H_5CHO(l)$ 丙醛	-1816
$C_2H_6(g)$ 乙烷	-1559.8	$(CH_3)_2CO(l)$ 丙酮	-1790.4
$C_3H_8(g)$ 丙烷	-2219.9	$(COOH)_2(s)$ 草酸	-246
$C_4H_{10}(g)$ 正丁烷	-2878.3	$HCOOH(l)$ 甲酸	-254.6
$C_5H_{12}(g)$ 正戊烷	-3536.1	$CH_3COOH(l)$ 乙酸	-874.54
$C_6H_{14}(l)$ 正己烷	-4163.1	$C_2H_5COOH(l)$ 丙酸	-1527.3
$C_2H_4(g)$ 乙烯	-1411.0	$CH_2{=}CHCOOH(l)$ 丙烯酸	-1368
$n\text{-}C_4H_8(g)$ 正丁烯	-2718.6	$C_3H_7COOH(l)$ 正丁酸	-2183.5
$C_2H_2(g)$ 乙炔	-1299.6	$(CH_3CO)_2O(l)$ 乙酸酐	1806.2
$C_3H_6(g)$ 环丙烷	-2091.5	$HCOOCH_3(l)$ 甲酸甲酯	-979.5
$C_4H_8(l)$ 环丁烷	-2720.5	$C_6H_5Cl(l)$ 氯苯	-3141
$C_5H_{10}(l)$ 环戊烷	-3290.9	$C_6H_5OH(s)$ 苯酚	-3053.5
$C_6H_{12}(l)$ 环己烷	-3919.6	$C_6H_5CHO(l)$ 苯甲醛	-3528
$C_6H_6(l)$ 苯	-3267.5	$C_6H_5COCH_3(l)$ 苯乙酮	-4148.9
$C_8H_{10}(s)$ 萘	-5153.9	$C_6H_5COOH(s)$ 苯甲酸	-3226.9

物质	$\Delta_c H_m^{\ominus}/kJ \cdot mol^{-1}$	物质	$\Delta_c H_m^{\ominus}/kJ \cdot mol^{-1}$
$CH_3OH(l)$ 甲醇	−726.51	$C_6H_4(COOH)_2(s)$ 邻苯二甲酸	−3223.5
$C_2H_5OH(l)$ 乙醇	−1366.8	$C_6H_5COOCH_3(l)$ 苯甲酸甲酯	−3958
$C_3H_7OH(l)$ 正丙醇	−2019.8	$C_{12}H_{22}O_{11}(s)$ 蔗糖	−5640.9
$C_4H_9OH(l)$ 正丁醇	−2675.8	$CH_3NH_2(l)$ 甲胺	−1061
$(C_2H_5)_2O(l)$ 二乙醚	−2751.5	$C_2H_5NH_2(l)$ 乙胺	−1713
$HCHO(g)$ 甲醛	−570.78	$(NH_2)_2CO(s)$ 尿素	−631.66
$CH_3CHO(l)$ 乙醛	−1166.4	$C_5H_5N(l)$ 吡啶	−2782

【例 1-7】已知 298.15K 时 $C_2H_5OH(l)$ 的标准摩尔燃烧焓为 −1367kJ · mol^{-1}，试利用 $CO_2(g)$ 和 $H_2O(l)$ 的标准摩尔生成焓计算出 $C_2H_5OH(l)$ 在该温度下的标准摩尔生成焓。

解： $C_2H_5OH(l)$ 的燃烧反应为

$$C_2H_5OH(l) + 3O_2(g) =\!= 2CO_2(g) + 3H_2O(l)$$

$$\Delta_r H_m^{\ominus} = \Delta_c H_m^{\ominus}(C_2H_5OH, l)$$

查表得 $\Delta_f H_m^{\ominus}(CO_2, g) = -393.5kJ \cdot mol^{-1}$，$\Delta_f H_m^{\ominus}(H_2O, l) = -285.0kJ \cdot mol^{-1}$

由

$$\Delta_r H_m^{\ominus} = \sum_B \nu_B \Delta_f H_{m,B}^{\ominus}$$

$$= [2\Delta_f H_m^{\ominus}(CO_2, g) + 3\Delta_f H_m^{\ominus}(H_2O, l)] - [\Delta_f H_m^{\ominus}(C_2H_5OH, l) + \Delta_f H_m^{\ominus}(O_2, g)]$$

可知

$$-1367 = [2 \times (-393.5) + 3 \times (-285.0)] - [\Delta_f H_m^{\ominus}(C_2H_5OH, l) + 0]$$

计算可得

$$\Delta_f H_m^{\ominus}(C_2H_5OH, l) = -275.0kJ \cdot mol^{-1}$$

在实际生产中，很多有机物无法由单质直接合成，因此它们的标准摩尔生成焓难以直接测得；但是大部分有机物都可以燃烧，因此可利用某些燃烧反应的热效应来间接计算出可燃物的标准摩尔生成焓。

在实际生产中化学反应的温度范围较广，为了得到不同温度下的标准摩尔反应焓 $\Delta_r H_m^{\ominus}(T)$，就需要寻找出 $\Delta_r H_m^{\ominus}(T)$ 随温度变化的规律。1858 年，德国化学家基尔霍夫（Gustav Robert Kirchhoff）指出：等压条件下，化学反应的热效应随温度的变化率等于生成物与反应物的恒压摩尔热容之差，这一规律被称为**基尔霍夫定律**，即：

$$\Delta_r H_m^{\ominus}(T_2) = \Delta_r H_m^{\ominus}(T_1) + \int_{T_1}^{T_2} \sum_B \nu_B C_{p,m}(B, 相态) \, dT \qquad (1-24)$$

【例 1-8】298K 时反应 $N_2(g) + 3H_2(g) =\!= 2NH_3(g)$ 的 $\Delta_r H_m^{\ominus}$ 为 −92.22kJ · mol^{-1}，试求该反应在 500K 下的 $\Delta_r H_m^{\ominus}$。已知在 298~500K 的温度区间内，$N_2(g)$、$H_2(g)$ 和 $NH_3(g)$ 的平均等压摩尔热容 $C_{p,m}$ 分别为 29.65J · K^{-1} · mol^{-1}、28.56J · K^{-1} · mol^{-1} 和 40.12J · K^{-1} · mol^{-1}。

解： 由基尔霍夫定律可得

$$\Delta_r H_m^{\ominus}(500) = \Delta_r H_m^{\ominus}(298) + \int_{298}^{500} \sum_B \nu_B C_{p,m}(B,相态)\,dT$$

$$= (-92.22) + (2 \times 40.12 - 29.65 - 3 \times 28.56) \times 10^{-3} \times (500 - 298) = -99.3 (kJ \cdot mol^{-1})$$

需要强调的是，基尔霍夫定律只适用于在所讨论的温度区间内，参与化学反应的一切物质均不发生相变的情形；若有相变过程发生，则需要将相变焓考虑进去。

$$CH_4(g) + 2O_2(g) \xrightarrow{\Delta_r H_m(498.15)} CO_2(g) + 2H_2O(g)$$

$\Delta H_5^{\ominus}$ 等压变温过程

$2H_2O(g, 373.15K)$

$\Delta H_1^{\ominus}$ $\Delta H_2^{\ominus}$ $\Delta H_4^{\ominus}$ 相变化过程

$2H_2O(l, 373.15K)$

$\Delta H_3^{\ominus}$ 等压变温过程

$$CH_4(g) + 2O_2(g) \xrightarrow{\Delta_r H_m(298.15)} CO_2(g) + 2H_2O(l)$$

$$\Delta_r H_m^{\ominus}(498.15K) = \Delta_r H_m^{\ominus}(298.15K) + \Delta H_1^{\ominus} + \Delta H_2^{\ominus} + \Delta H_3^{\ominus} + \Delta H_4^{\ominus} + \Delta H_5^{\ominus}$$

二、功的计算

在热力学中，我们把众多形式的功分为两大类：一类是体积功 W，是指由于系统的体积发生变化而与环境交换的能量；另一类是非体积功 W'，它包括除了体积功以外的一切其他形式的功（如电功、表面功）。在实际生产中，气体输送、节流制冷、空气分离等过程都会使系统的体积发生较大变化，因此体积功的分析和计算尤为重要。

如图 1-11 所示，在一定温度下将一定量的理想气体放入气缸中，气缸内有一个无重量、无摩擦力的理想活塞，若活塞的横截面积为 A，外界环境的大气压力为 p_{su}。假设活塞在外力方向上的位移为 dl，系统的体积改变为 dV。那么环境对系统所做的体积功为：

$$\delta W = -F \times dl$$

这个公式是物理学中对机械功的定义：机械功是最简单的功的形式，它在数值上等于力乘以在力的方向上发生的位移。

另外，由于物体所承受压力的大小与受力面积之比叫做压强，所以

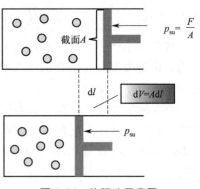

图 1-11 体积功示意图

$$p_{su} = \frac{F}{A}$$

在几何学中，体积的大小等于底面积乘以高度，也就是

$$dV = A \times dl$$

所以热力学中体积功 W 的计算公式为

$$\delta W = -F \times dl = -\frac{F}{A} \times (A \times dl) = -p_{su} \times dV \tag{1-25}$$

式(1-25) 中，p_{su} 为外界环境的压力，dV 为系统体积的微小变化。由于当系统体积减小时，$dV<0$，代入公式后可得体积功 $\delta W>0$，此时环境对系统做功；而当系统体积增大时，$dV>0$，代入公式后可得体积功 $\delta W<0$，此时系统对环境做功。换言之，公式中的负号已经指明了功的传递方向。

【例 1-9】 在 298.15K、100kPa 下，对浓度极稀的 NaOH 水溶液进行电解，得到 2.0mol 的 $H_2(g)$ 和 1.0mol 的 $O_2(g)$，试计算该过程的体积功 W。

解：若忽略液体的体积变化，将 $H_2(g)$ 和 $O_2(g)$ 看作理想气体，则

$$W=-p_{su}(V_g-V_l)\approx-p_{su}V_g=-n_gRT=-(2.0+1.0)\times8.314\times298.15=-7436(J)$$

即系统对环境所做的体积功 W 为 7436J。

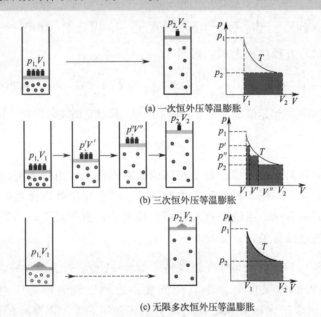

图 1-12 体积功与过程的关系

功是途径函数，其数值大小随系统发生变化的途径不同而异。如图 1-12 所示，把 n mol 理想气体充入带有活塞的气缸中，假定活塞质量连同气缸内壁的摩擦力均忽略不计，现将气缸置于恒温槽中以维持气体温度恒定为 T。起初活塞上方的外压与气体的初始压力相等为 p_1，活塞静止不动；然后通过取走砝码的方式降低外压至 p_2，让理想气体按照以下四种方式在等温条件下从始态膨胀到终态。

① 自由膨胀（向真空膨胀） 当系统在活塞上无重物时自始态 p_1、V_1 膨胀到终态 p_2、V_2，这种膨胀称为**自由膨胀**（或向真空膨胀）。由于 $p_2=p_{su}=0$，此过程中系统对环境所做的体积功为

$$W=-p_{su}\Delta V=0$$

② 一次恒外压等温膨胀 若将活塞上的四个砝码同时取走三个，此时系统自始至终只对抗一个砝码重量的外压 p_2，体积从 V_1 膨胀到 V_2，在这一过程中系统对环境所做体积功在数值上等于坐标图 1-12（a）中阴影部分的面积。

$$W=-p_{su}\Delta V=-p_2(V_2-V_1)$$

③ 三次恒外压等温膨胀 将活塞上的四个砝码分三次逐一取走，此时系统分段对抗的

外压 p'、p'' 和 p_2 分别相当于三个砝码、两个砝码和一个砝码的重量，体积从 V_1 分段经 V'、V'' 膨胀到 V_2，在这一过程中系统对环境所做体积功在数值上等于坐标图 1-12（b）中阴影部分的面积。

$$W = -p'(V'-V_1) - p''(V''-V') - p_2(V_2-V'')$$

④ 无限多次恒外压等温膨胀（等温可逆膨胀） 设想在活塞上放置与四个砝码等质量的一堆细沙代替原有的砝码。起始时系统处于平衡状态，取走一粒沙子后，外压降低 dp，气体体积增加 dV，此时气体的压力与外压相等，系统又处于平衡状态；如果想使气体体积再膨胀 dV，就必须再把外压降低 dp，也就是再取走一粒沙子；以此类推，逐次从活塞上取走一粒沙子，活塞在非常缓慢的情况下上升，直至膨胀到 V_2 为止，此时活塞上方剩余的沙子正好与一个砝码的重量相等。在这一过程中系统对环境所做体积功在数值上等于坐标图 1-12(c) 中阴影部分的面积。

$$W = -\int_{V_1}^{V_2} p_{su} dV = -\int_{V_1}^{V_2} (p - dp)\, dV = -\int_{V_1}^{V_2} p\, dV + \int_{V_1}^{V_2} dp\, dV \approx -\int_{V_1}^{V_2} p\, dV$$

现将理想气体状态方程代入上式，可得

$$W = -\int_{V_1}^{V_2} p\, dV = -\int_{V_1}^{V_2} \frac{nRT}{V} dV = -nRT\int_{V_1}^{V_2} \frac{dV}{V} = -nRT\ln\frac{V_2}{V_1} \qquad (1\text{-}26a)$$

由于气缸为封闭系统，恒定温度 T 下的 $n\,mol$ 理想气体满足波义尔定律，代入式(1-26a) 可得

$$W = -nRT\ln\frac{p_1}{p_2} \qquad (1\text{-}26b)$$

从以上的过程中我们不难发现，对于相同的始态和终态，由于系统经历的过程不同，环境得到体积功的数值并不一样。显然膨胀次数越多，系统反抗外压做功的绝对值越大。以此类推，当膨胀次数无限多时，系统必然对环境做最大功。由此可见，功是一个与过程有关的量，它与系统变化的途径有关。

【例 1-10】已知 $100℃$ 下，$1\,mol$ 理想气体的始态体积 V_1 为 $25L$，终态体积 V_2 为 $100L$，试计算以下四种过程的体积功 W：①自由膨胀；②外压始终恒定于终态压力下膨胀至 $100L$；③先在外压恒定于体积为 $50L$ 时的压力下膨胀至 $50L$，再在外压恒定于终态压力下膨胀至 $100L$；④等温可逆膨胀。

解：①由题意知 $p_{su}=0$

$$W = -p_{su}\Delta V = 0(J)$$

② 由题意知 $V_1=25L$，$V_2=100L$，$p_{su}=p_2$

$$W = -p_{su}\times\Delta V = -p_2\times(V_2-V_1) = -\frac{nRT}{V_2}\times(V_2-V_1)$$

$$= -\frac{1\times8.314\times373.15}{100\times10^{-3}}\times(100\times10^{-3}-25\times10^{-3}) = -2327(J)$$

③ 由题意知 $V_1=25L$，$V'=50L$，$p_{su1}=p'$，$V_2=100L$，$p_{su2}=p_2$

$$W = (-p_{su1}\Delta V_1) + (-p_{su2}\Delta V_2) = [-p'(V'-V_1)] + [-p_2(V_2-V')]$$

$$= \left[-\frac{nRT}{V'}\times(V'-V_1)\right] + \left[-\frac{nRT}{V_2}\times(V_2-V')\right]$$

$$= \left[-\frac{1\times8.314\times373.15}{50\times10^{-3}}\times(50\times10^{-3}-25\times10^{-3})\right.$$

$$+\left[-\frac{1\times 8.314\times 373.15}{100\times 10^{-3}}\times(100\times 10^{-3}-50\times 10^{-3})\right]$$

$$=-3102(J)$$

④ 由题意知 $V_1=25L$，$V_2=100L$，$T=373.15K$

$$W=-nRT\ln\frac{V_2}{V_1}=-1\times 8.314\times 373.15\times\ln\frac{100\times 10^{-3}}{25\times 10^{-3}}=-4300(J)$$

⑤ **绝热膨胀**　若理想气体在绝热材料制成的气缸中进行膨胀，由于这一过程中系统既要对环境做体积功而又无法从环境中吸热，只能依靠消耗自身的热力学能来提供做功所需的能量，其结果必然造成系统的温度降低，因此在工业上我们可借助于绝热膨胀来获得低温环境。

在绝热条件下，若系统与环境之间的压力相差无限小量 $\mathrm{d}p$ 时，所进行的过程称为**绝热可逆过程**；若系统反抗恒定外压 p_{su} 时，所进行的过程称为**绝热不可逆过程**。显然，在膨胀至相同体积的情况下，绝热可逆过程与绝热不可逆过程所达到的终态温度不同；换言之，系统对环境做的体积功也不同。

理想气体绝热
膨胀做功

若理想气体在绝热条件下发生可逆变化时，封闭系统的 p、V、T 所遵循的规律称为理想气体的绝热可逆方程式，有以下三种形式

$$TV^{\gamma-1}=常数 \tag{1-27a}$$

$$pV^{\gamma}=常数 \tag{1-27b}$$

$$T^{\gamma}p^{1-\gamma}=常数 \tag{1-27c}$$

式(1-27) 中，γ 为理想气体的热容比。

将理想气体的绝热可逆方程式代入体积功的计算公式，整理后可得理想气体在绝热可逆膨胀过程中系统对环境所做的体积功为

$$W=\frac{1}{\gamma-1}\times(p_2V_2-p_1V_1) \tag{1-28}$$

【例 1-11】 已知 5.0mol 某双原子分子的理想气体从始态 25℃、200kPa 下经绝热可逆膨胀至 100kPa，试求系统的终态温度和该过程的体积功。

解：双原子分子的理想气体

$$C_{V,m}=\frac{5}{2}R \quad C_{p,m}=\frac{7}{2}R \quad \gamma=\frac{C_{p,m}}{C_{V,m}}=\frac{7}{5}=1.4$$

由理想气体的绝热可逆方程式 $T^{\gamma}p^{1-\gamma}=常数$可得

$$T_1{}^{\gamma}p_1{}^{1-\gamma}=T_2{}^{\gamma}p_2{}^{1-\gamma}$$

即

$$(25+273.15)^{1.4}\times(200\times 10^3)^{1-1.4}=T_2{}^{1.4}\times(100\times 10^3)^{1-1.4}$$

解得

$$T_2=244.58K$$

由理想气体状态方程可计算出

$$V_1=\frac{nRT_1}{p_1}=\frac{5.0\times 8.314\times 298.15}{200\times 10^3}=61.97\times 10^{-3}(m^3)$$

$$V_2 = \frac{nRT_2}{p_2} = \frac{5.0 \times 8.314 \times 244.58}{100 \times 10^3} = 101.67 \times 10^{-3}(\text{m}^3)$$

该绝热不可逆过程的体积功为

$$W = \frac{1}{\gamma-1} \times (p_2 V_2 - p_1 V_1)$$

$$= \frac{1}{1.40-1} \times [(100 \times 10^3) \times (101.67 \times 10^{-3}) - (200 \times 10^3) \times (61.97 \times 10^{-3})]$$

$$= -5567.5(\text{J})$$

在实际过程中，严格的等温或绝热过程都是无法实现的，而是介于二者之间，这种过程称为**多方过程**，其方程式可用以下形式表示：

$$TV^{n-1} = 常数 \tag{1-29a}$$

$$pV^n = 常数 \tag{1-29b}$$

$$T^n p^{1-n} = 常数 \tag{1-29c}$$

式(1-29)中，$1 < n < \gamma$。当 $n \to 1$ 时，该过程更接近于等温过程；当 $n \to \gamma$ 时，该过程更接近于绝热过程。

【扩展篇】

见表 1-7～表 1-9。

表 1-7　理想气体在简单 p、 V、 T 变化过程中热力学函数的计算

等容过程	等压过程	等温过程		绝热过程	
		可逆过程	等外压过程	可逆过程	不可逆过程
$\Delta U = nC_{V,\text{m}}(T_2 - T_1)$	$\Delta U = nC_{V,\text{m}}(T_2 - T_1)$	$\Delta U = nC_{V,\text{m}}\Delta T = 0$	$\Delta U = nC_{V,\text{m}}\Delta T = 0$	$\Delta U = nC_{V,\text{m}}(T_2 - T_1)$	$\Delta U = nC_{V,\text{m}}(T_2 - T_1)$
$\Delta H = nC_{p,\text{m}}(T_2 - T_1)$	$\Delta H = nC_{p,\text{m}}(T_2 - T_1)$	$\Delta H = nC_{p,\text{m}}\Delta T = 0$	$\Delta H = nC_{p,\text{m}}\Delta T = 0$	$\Delta H = nC_{p,\text{m}}(T_2 - T_1)$	$\Delta H = nC_{p,\text{m}}(T_2 - T_1)$
$W = -p_{\text{su}}\Delta V = 0$	$W = -p_{\text{su}}(V_2 - V_1)$ 或 $W = -nR(T_2 - T_1)$	$W = -nRT\ln\dfrac{V_2}{V_1}$ 或 $W = -nRT\ln\dfrac{p_1}{p_2}$	$W = -p_{\text{su}}(V_2 - V_1)$	$W = \dfrac{1}{\gamma-1}(p_2 V_2 - p_1 V_1)$	$W = \Delta U$
$Q_V = nC_{V,\text{m}}(T_2 - T_1)$	$Q_p = nC_{p,\text{m}}(T_2 - T_1)$	$Q = -W$	$Q = -W$	$Q = 0$	$Q = 0$
$\Delta S = nC_{V,\text{m}}\ln\dfrac{T_2}{T_1}$ 或 $\Delta S = nC_{V,\text{m}}\ln\dfrac{p_2}{p_1}$	$\Delta S = nC_{p,\text{m}}\ln\dfrac{T_2}{T_1}$ 或 $\Delta S = nC_{p,\text{m}}\ln\dfrac{V_2}{V_1}$	$\Delta S = nR\ln\dfrac{V_2}{V_1}$ 或 $\Delta S = -nR\ln\dfrac{p_2}{p_1}$		$\Delta S = nC_{V,\text{m}}\ln\dfrac{T_2}{T_1} + nR\ln\dfrac{V_2}{V_1}$ 或 $\Delta S = nC_{p,\text{m}}\ln\dfrac{T_2}{T_1} - nR\ln\dfrac{p_2}{p_1}$ 或 $\Delta S = nC_{V,\text{m}}\ln\dfrac{p_2}{p_1} + nC_{p,\text{m}}\ln\dfrac{V_2}{V_1}$	

等容过程	等压过程	等温过程		绝热过程	
		可逆过程	等外压过程	可逆过程	不可逆过程
		$\Delta A = -nRT\ln\dfrac{V_2}{V_1} = -nRT\ln\dfrac{p_1}{p_2}$			
		$\Delta G = -nRT\ln\dfrac{V_2}{V_1} = -nRT\ln\dfrac{p_1}{p_2}$			

表 1-8 一级相变过程中热力学函数的计算

可逆相变	不可逆相变
$\Delta H = n\Delta_\alpha^\beta H_m$	
$Q_p = \Delta H$	
$W = -p_{su}(V_\beta - V_\alpha)\left\{\begin{array}{l}\alpha\ 为凝聚相,\beta\ 为气相\ W \approx -p_{su}V_\beta = -n(g)RT \\ \alpha、\beta\ 均为凝聚相\ W = -p_{su}(V_\beta - V_\alpha)\end{array}\right\}$	
$\Delta U = \Delta H - p(V_\beta - V_\alpha)\left\{\begin{array}{l}\alpha\ 为凝聚相,\beta\ 为气相\ \Delta U \approx \Delta H - pV_\beta = \Delta H - n(g)RT \\ \alpha、\beta\ 均为凝聚相\ \Delta U = \Delta H - p(V_\beta - V_\alpha)\end{array}\right\}$	
$\Delta S_{sys} = \dfrac{Q_p}{T} = \dfrac{\Delta H}{T} = \dfrac{n\Delta_\alpha^\beta H_m}{T}$ $\Delta S_{sur} = -\Delta S_{sys}$ $\Delta S_{iso} = 0$	$\Delta S_{iso} > 0$
$\Delta G = 0$	$\Delta G < 0$

表 1-9 化学变化过程中热力学函数的计算

$T = 298.15\mathrm{K}$	$T \neq 298.15\mathrm{K}$
$\Delta_r H_m^\ominus(298.15\mathrm{K}) = \sum\limits_B \nu_B \Delta_f H_{m,B}^\ominus(B,相态,298.15\mathrm{K})$ 或 $\Delta_r H_m^\ominus(298.15\mathrm{K}) = -\sum\limits_B \nu_B \Delta_c H_{m,B}^\ominus(B,相态,298.15\mathrm{K})$	$\Delta_r H_m^\ominus(T_2) = \Delta_r H_m^\ominus(T_1) + \int_{T_1}^{T_2}\sum\limits_B \nu_B C_{p,m}(B,相态)\mathrm{d}T$ 适用条件:在 $T_1 \sim T_2$ 温度区间内,无相变的化学反应
$\Delta_r S_m^\ominus(298.15\mathrm{K}) = \sum\limits_B \nu_B S_{m,B}^\ominus(B,相态,298.15\mathrm{K})$	$\Delta_r S_m^\ominus(T_2) = \Delta_r S_m^\ominus(T_1) + \int_{T_1}^{T_2}\dfrac{\sum\limits_B \nu_B C_{p,m}(B,相态)}{T}\mathrm{d}T$ 适用条件:在 $T_1 \sim T_2$ 温度区间内,无相变的化学反应
$\Delta_r G_m^\ominus(298.15\mathrm{K}) = \sum\limits_B \nu_B \Delta_f G_{m,B}^\ominus(B,相态,298.15\mathrm{K})$ 或 $\Delta_r G_m^\ominus(298.15\mathrm{K}) = \Delta_r H_m^\ominus(298.15\mathrm{K}) - T\Delta_r S_m^\ominus(298.15\mathrm{K})$	$\Delta_r G_m^\ominus = \Delta_r H_m^\ominus - T\Delta_r S_m^\ominus$
只有凝聚相参与的化学反应 $\Delta_r H_m^\ominus(T) \approx \Delta_r U_m^\ominus(T)$ 有气相参与的化学反应 $\Delta_r H_m^\ominus(T) = \Delta_r U_m^\ominus(T) + \Delta(pV) = \Delta_r U_m^\ominus(T) + RT\sum\limits_B \nu_B(g)$	

【例 1-12】 27℃下，1mol 理想气体由 1013250Pa 经等温可逆膨胀至 101325Pa，试求该过程中系统的 W、Q、ΔU、ΔH、ΔS、ΔA 和 ΔG。

解： 由于系统经历的是等温可逆过程，故而

$$W = -nRT \ln \frac{p_1}{p_2} = -1 \times 8.314 \times (27 + 273.15) \ln 10 = -5744(J)$$

$$\Delta U = nC_{V,m} \Delta T = 0$$

$$\Delta H = nC_{p,m} \Delta T = 0$$

$$Q = \Delta U - W = 0 - (-5744) = 5744(J)$$

$$\Delta S = \frac{Q}{T} = \frac{5744}{27 + 273.15} = 19.14(J \cdot K^{-1})$$

$$\Delta A = -nRT \ln \frac{p_1}{p_2} = -1 \times 8.314 \times (27 + 273.15) \ln 10 = -5744(J)$$

$$\Delta G = -nRT \ln \frac{p_1}{p_2} = -1 \times 8.314 \times (27 + 273.15) \ln 10 = -5744(J)$$

【例 1-13】 已知 $H_2O(l)$ 在正常沸点下的蒸发热为 $2258J \cdot g^{-1}$，试求 1mol 液态水在 101.325kPa 和 100℃下蒸发为水蒸气时系统的熵变。

解： $H_2O(l)$ 的摩尔蒸发焓为

$$\Delta_l^g H_m = 2258 \times 18.02 = 40689.16(J)$$

$H_2O(l)$ 在正常沸点下的蒸发为可逆相变过程，因此

$$\Delta S_{sys} = \frac{Q_p}{T} = \frac{\Delta_l^g H_m}{T} = \frac{40689.16}{373.15} = 109.0(J \cdot K^{-1})$$

【例 1-14】 已知 $H_2O(l)$ 在正常熔点下的摩尔熔化焓 $\Delta_{fus} H_m$ 为 $6.01kJ \cdot mol^{-1}$，水和冰在 263.15～273.15K 之间的等压摩尔热容 $C_{p,m}$ 分别为 $75.30J \cdot K^{-1} \cdot mol^{-1}$ 和 $37.60J \cdot K^{-1} \cdot mol^{-1}$，试计算在 263.15K、101.325kPa 下 1mol 过冷水结冰过程中的熵变 ΔS_{sys} 和 ΔS_{iso}。

解：

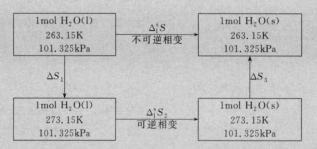

过冷水结冰属于不可逆相变，可将其设计为如上可逆过程进行计算

$$\Delta S_1 = nC_{p,m}(H_2O,l) \ln \frac{T_2}{T_1} = 1 \times 75.30 \times \ln \frac{273.15}{263.15} = 2.81(J \cdot K^{-1})$$

$$\Delta S_2 = \frac{-n\Delta_{fus} H_m}{T} = \frac{-1 \times 6.01 \times 10^3}{273.15} = -22.0(J \cdot K^{-1})$$

$$\Delta S_3 = nC_{p,\mathrm{m}}(\mathrm{H_2O,s})\ln\frac{T_1}{T_2} = 1\times37.60\times\ln\frac{263.15}{273.15} = -1.40(\mathrm{J\cdot K^{-1}})$$

系统的熵变为

$$\Delta S_{\mathrm{sys}} = \Delta S_1 + \Delta S_2 + \Delta S_3 = 2.81 + (-22.0) + (-1.40) = -20.59(\mathrm{J\cdot K^{-1}})$$

263.15K 下过冷水与冰之间的摩尔相变焓为

$$\Delta_{\mathrm{fus}}H_{\mathrm{m}}(263.15\mathrm{K}) = \Delta_{\mathrm{fus}}H_{\mathrm{m}}(273.15\mathrm{K}) + \int_{273.15}^{263.15}\sum_B C_{p,\mathrm{m}}(\mathrm{H_2O,相态})\mathrm{d}T$$

$$= \Delta_{\mathrm{fus}}H_{\mathrm{m}}(273.15\mathrm{K}) + \int_{273.15}^{263.15}\sum_B [C_{p,\mathrm{m}}(\mathrm{H_2O,s}) - C_{p,\mathrm{m}}(\mathrm{H_2O,l})]\mathrm{d}T$$

$$= (-6.01\times10^3) + (37.60-75.30)\times(263.15-273.15) = -5633(\mathrm{J\cdot mol^{-1}})$$

有限的热量交换都不会引起环境温度的变化，因此 ΔS_{sur} 可视为可逆过程的熵变，即

$$\Delta S_{\mathrm{sur}} = \frac{Q_{\mathrm{sur}}}{T_{\mathrm{sur}}} = \frac{-Q_{\mathrm{sys}}}{T_{\mathrm{sur}}} = \frac{-n(-\Delta_{\mathrm{fus}}H_{\mathrm{m}})}{T_{\mathrm{sur}}} = \frac{1\times5633}{263.15} = 21.41(\mathrm{J\cdot K^{-1}})$$

隔离系统的熵变为

$$\Delta S_{\mathrm{iso}} = \Delta S_{\mathrm{sys}} + \Delta S_{\mathrm{sur}} = (-20.59) + 21.41 = 0.82(\mathrm{J\cdot K^{-1}}) > 0$$

由熵判据可知，过冷水结冰属于自发过程。

【例 1-15】已知在 263.15K 时 $\mathrm{H_2O(s)}$ 和 $\mathrm{H_2O(l)}$ 的饱和蒸气压分别为 552Pa 和 611Pa，试计算在 263.15K、101.325kPa 下 1mol 过冷水结冰过程中的 ΔG。

解： 过冷水结冰属于不可逆相变，可将其设计为如下可逆过程进行计算

由状态函数的特点可知

$$\Delta_l^s G = \Delta G_1 + \Delta G_2 + \Delta G_3 + \Delta G_4 + \Delta G_5$$

由于压力对凝聚态物质的影响较小，故而

$$\Delta G_1 \approx 0 \qquad \Delta G_5 \approx 0$$

ΔG_2 和 ΔG_4 为可逆相变过程，故而

$$\Delta G_2 = 0 \qquad \Delta G_4 = 0$$

ΔG_3 为理想气体的等温可逆膨胀过程，有

$$\Delta G_3 = nRT\ln\frac{p_2}{p_1} = 1\times8.314\times263.15\times\ln\frac{552}{611} = -222(\mathrm{J})$$

综上所述，过冷水结冰的不可逆相变过程中系统 Gibbs 函数的变化值为

$$\Delta_l^s G = \Delta G_3 = -222\mathrm{J} < 0$$

由 Gibbs 函数判据可知，过冷水结冰属于自发过程。

素质阅读

节能减排，助力"双碳"

热机的出现使人类社会的生产力得以飞速发展，极大地推动了现代社会的工业化进程。现如今，热机在航天、工业、交通、家电等诸多领域广泛应用。但热机的使用必须依赖于化石燃料的燃烧，面对全球日益枯竭的化石能源存储和形势严峻的气候变化，我国在

能源领域大力推行"开发与节约并重，把节约放在首位"的方针，于 2020 年 9 月提出了以"碳达峰、碳中和"为目标的国家战略。

所谓"碳达峰"是指二氧化碳的排放量在某一时间达到最大值，之后进入下降回落阶段；而"碳中和"则是指在一段时间内，企业、团体或个人测算直接或间接产生的温室气体排放总量，通过植树造林、海洋吸收、工程封存等自然或人为手段被吸收和抵消掉，从而实现社会活动二氧化碳的相对"零排放"。显然，"碳达峰"是"碳中和"的前置条件，只有早日实现"碳达峰"，才能真正实现"碳中和"。

以减少温室气体排放为目标的、应对气候变化的行动，对于每个团体或者个人来讲都太过宏大，但行则将至、行而不辍、未来可期。我们每个普通人都应当从自身做起，在衣食住行用等日常生活的各个环节自觉行动起来，助力高质量发展，助力"双碳"。

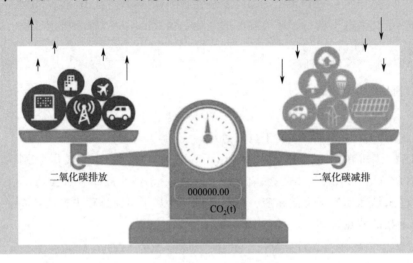

【课后习题】

（一）判断题

（1）当系统的状态发生改变时，其所有状态函数都会发生变化。（　　）

（2）物质的温度越高，则所含热量越多。（　　）

（3）若系统与环境之间没有热传递，则系统的温度必然恒定不变。（　　）

（4）若系统的始态与终态压力相同，则整个过程被称为恒压过程。（　　）

（5）一个绝热的刚性容器一定是隔离系统。（　　）

（6）当系统对环境放热时，系统的热力学能一定减少。（　　）

（7）不可逆过程都是自发过程。（　　）

（8）一切熵增加的过程都是自发过程，而熵减少的过程是不可能发生的。（　　）

（二）填空题

（1）若系统在某一过程中对环境做功 20J，放热 25J，则该系统热力学能的变化值为 _____。

（2）物理量 Q、W、U、H、S、A、G、p、V、T 中属于状态函数的是 _____，属于途径函数的是 _____；状态函数中属于广度性质的是 _____

_____，属于强度性质的是_____。

（3）请指出下列公式的适用条件：

① $W = -nR(T_2 - T_1)$ 的适用条件为_____；

② $W = -nRT\ln(V_2/V_1)$ 的适用条件为_____；

③ $W = nC_{V,m}(T_2 - T_1)$ 的适用条件为_____。

（4）在_____系统中，平衡态的熵值一定最大。

（5）在_____条件下，才可以使用 $\Delta G \leqslant 0$ 来判断一个过程是否可逆。

（6）工作于 100℃ 和 25℃ 的两个热源之间的可逆热机，其效率等于_____。

（7）系统经过可逆循环后，其 ΔS_____ 0；经过不可逆循环后，其 ΔS_____ 0。（>、
=或<）

（8）若一定量的理想气体在 300K 下由始态 A 经等温过程到终态 B，系统吸收热量
2000J，熵变值为 10J·K^{-1}，则该过程为_____过程。（可逆、不可逆）

（三）选择题

（1）由物质的量为 n 的某理想气体组成的系统，若要确定该系统的状态，则系统的
（   ）必须确定。

A. p B. V C. $T，U$ D. $T，p$

（2）由焓的定义式 $H = U + pV$ 可知，当系统发生变化时 $\Delta H = \Delta U + \Delta(pV)$，式中 $\Delta(pV)$
表示（   ）。

A. $\Delta(pV) = \Delta p \Delta V$ B. $\Delta(pV) = p_2 V_2 - p_1 V_1$

C. $\Delta(pV) = p\Delta V - V\Delta p$ D. $\Delta(pV) = p\Delta V + V\Delta p$

（3）封闭系统经过一个等压过程后，系统与环境所交换的热等于（   ）。

A. 该过程的 ΔU B. 该过程的热力学能

C. 该过程的 ΔH D. 该过程的焓

（4）以下可以看作可逆过程的是（   ）。

A. 理想气体恒温反抗恒外压膨胀   B. 理想气体恒压膨胀

C. 理想气体绝热反抗恒外压膨胀   D. 理想气体节流膨胀

（5）封闭系统经任意循环过程，有（   ）。

A. $Q = 0$ B. $W = 0$ C. $Q + W = 0$ D. $Q - W = 0$

（6）下列宏观过程可以看作可逆过程的是（   ）。

A. 摩擦生热   B. 常压下 0℃ 时冰融化成水

C. 电流通过金属发热   D. 火柴燃烧

（7）理想气体由始态 A 向真空绝热膨胀至终态 B，下列可用于判断过程自发性的状态
函数是（   ）。

A. ΔU B. ΔH C. ΔG D. ΔS

（8）若要通过节流膨胀达到制冷的目的，则节流操作应当控制的必要条件是（   ）。

A. $\mu_{J-T} < 0$ B. $\mu_{J-T} = 0$ C. $\mu_{J-T} > 0$ D. μ_{J-T} 为任意值

（四）简答题

（1）将一个装有压缩空气的金属筒上的小盖打开，使空气冲出，当系统与环境压力相同
时立即盖上小盖，则筒中气体的压力将如何变化？

（2）什么是物质的标准摩尔生成焓？"标准"的含义是什么？哪些物质的标准摩尔生成

焓等于零?

（3）理想气体从同一始态出发，分别进行绝热可逆膨胀过程和绝热不可逆膨胀过程，能否到达统一的终态？为什么？

（4）现将一个冰箱放置在室内，然后打开冰箱门让其制冷机持续运转，则整个室内的温度将如何变化？为什么？

（5）等温、等压条件下，系统发生 $\Delta G > 0$ 的过程需要满足什么条件？

（五）计算题

（1）现有 1mol 双原子分子理想气体，从始态 300K、100kPa 依次恒容加热至 800K，再恒压冷却至 600K，最后绝热可逆膨胀至 400K。试求整个过程的 Q、W、ΔU 及 ΔH。

（2）已知 298.15K 下，$\Delta_c H_m^{\ominus}$（C_3H_8，g）$= -2220kJ \cdot mol^{-1}$，$\Delta_f H_m^{\ominus}$（H_2O，l）$= -285.8kJ \cdot mol^{-1}$，$\Delta_f H_m^{\ominus}$（$CO_2$，g）$= -393.5kJ \cdot mol^{-1}$。试求该温度下 $\Delta_f H_m^{\ominus}$（C_3H_8，g）。

（3）已知 298.15K 下，白锡和灰锡的 $\Delta_f H_m^{\ominus}$ 分别为 $0kJ \cdot mol^{-1}$ 和 $-2197kJ \cdot mol^{-1}$，它们的 $S_m^{\ominus}$ 分别为 $52.3J \cdot mol^{-1} \cdot K^{-1}$ 和 $44.76J \cdot mol^{-1} \cdot K^{-1}$。试判断该温度下白锡和灰锡哪种晶型更加稳定。

模块二　多组分系统

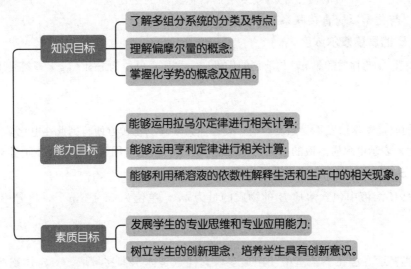

在前面的热力学基础部分讲解中，研究对象主要是纯物质或组成不变的简单系统，而在化工过程中涉及的大多是混合系统。通常把由两种或两种以上物质所形成的系统称为**多组分系统**；而多组分系统中的各种物质则被称为**组分**。多组分的分散系统既可以是单相的，也可以是多相的。对于多组分的多相系统而言，往往将其分为若干个多组分的单相系统来进行讨论。因此，通常从多组分单相系统的角度出发来进行热力学研究。在本模块中，主要讨论多组分均相系统。

【基础篇】

一、多组分系统的组成表示

大量实验结果表明，多组分系统的组成与其性质密切相关。换言之，当多组分系统的组成发生变化时，系统的性质也常常伴随一系列改变。例如，在相同的温度和压力下将乙醇与水混合，则液态混合物的折射率就会随混合物的组成改变而变化，只有当乙醇和水的物质的量确定时，混合物的折射率才有定值。

因此，为了描述多组分系统的状态，除使用温度和压力外，还应标明各组分的浓度（即相对含量）。多组分系统的组成表示方法有很多，常用的有以下四种：

1. 物质 B 的质量分数

B 的质量 m_B 与混合物（或溶液）的总质量 m 之比，量纲为 1，符号用 w_B 表示。

$$w_B = \frac{m_B}{m} = \frac{m_B}{\sum m_B} \tag{2-1}$$

这种表示方法比较简单，在工农业生产和医学领域中经常使用。

2. 物质 B 的物质的量分数（摩尔分数）

B 的物质的量 n_B 与混合物（或溶液）的总物质的量 n 之比，量纲为 1，符号用 x_B 或 y_B 表示，前者用于液相和固相，后者用于气相。

$$x_B(y_B) = \frac{n_B}{n} = \frac{n_B}{\sum n_B} \tag{2-2}$$

在化学研究中，物质的质量是比较复杂的，但物质的量比较简单，所以用物质的量分数表示浓度可以与化学反应直接联系起来。

3. 物质 B 的质量摩尔浓度

溶液中溶质 B 的物质的量 n_B 与溶剂的质量 m_A 之比，单位为 $mol \cdot kg^{-1}$，符号用 b_B 表示。

$$b_B = \frac{n_B}{m_A} \tag{2-3}$$

由于 B 的质量摩尔浓度不受温度影响，处理热力学问题比较方便，因此在电化学中主要采用质量摩尔浓度来表示电解质溶液的浓度；这种表示方法的缺点是用天平量取液体质量不方便。

4. 物质 B 的体积摩尔浓度（物质的量浓度）

单位体积 V 溶液中包含溶质 B 的物质的量为 n_B，单位为 $mol \cdot m^{-3}$，符号用 c_B 表示。

$$c_B = \frac{n_B}{V} \tag{2-4}$$

这种浓度表示方法在实验室中使用最多，其优点是体积容易量取，一定体积溶液中的溶质的量很容易计算；缺点是溶液的体积质量（即密度）随温度略有变化。

各种组成表示方法之间可以相互换算，其中涉及体积 V 与质量 m 之间的关系时，需使用体积质量 ρ（即密度）这一物理量，单位为 $kg \cdot m^{-3}$。

$$\rho = \frac{m}{V}$$

【例 2-1】23g 乙醇溶于 500g 水中形成混合物，其体积质量 ρ 为 992kg·m^{-3}。试计算：①乙醇的质量分数；②乙醇的物质的量分数；③乙醇的质量摩尔浓度；④乙醇的体积摩尔浓度。

解：设 A 代表水，$M_A = 18.016g \cdot mol^{-1}$；$B$ 代表乙醇，$M_B = 46.069g \cdot mol^{-1}$

$$w_B = \frac{m_B}{m_A + m_B} = \frac{23}{500 + 23} = 0.04398$$

$$x_B = \frac{n_B}{n_A + n_B} = \frac{m_B/M_B}{m_A/M_A + m_B/M_B} = \frac{23/46.069}{500/18.016 + 23/46.069} = 0.01767$$

$$b_B = \frac{n_B}{m_A} = \frac{m_B/M_B}{m_A} = \frac{23/46.069}{500} = 0.9985(mol \cdot kg^{-1})$$

$$c_B = \frac{n_B}{V} = \frac{m_B/M_B}{(m_A + m_B)/\rho} = \frac{23/46.069}{(500+23)/(992 \times 10^3)} = 947.0 (\text{mol} \cdot \text{m}^{-3})$$

二、多组分系统的分类

当两种或两种以上物质彼此以分子、原子或离子状态相互均匀分散时，就形成了多组分均相系统。若系统中的任意组分都遵循相同的经验定律（如拉乌尔定律），在热力学上就可以采用同样的方法进行研究，这类多组分均相系统称为**混合物**；反之，若系统中的各个组分遵循不同的经验定律（如溶剂遵循拉乌尔定律，溶质遵循亨利定律），在热力学研究中需要采用不同的方法，那么这类多组分均相系统就被称为**溶液**。通常溶液由溶质和溶剂两部分组成，习惯上把被溶解的物质叫做**溶质**，而把能够溶解其他物质的组分叫做**溶剂**。溶质与溶剂有时很难区分，一般常把液体组分看作溶剂，而把溶解在液体中的气体或固体看作溶质；当液体溶于液体时，通常把含量较多的组分叫做溶剂，含量较少的组分叫做溶质。

若液态混合物中任一组分在全部组成范围内都符合拉乌尔定律，则该混合物被称为**理想液态混合物**。严格的理想液态混合物在客观上并不存在，但同位素化合物的混合物、立体异构体的混合物、光学异构体的混合物以及紧邻同系物的混合物等可以近似当作理想液态混合物来研究。如同理想气体是研究气体性质的模型一样，理想液态混合物是人们为了更好地认识液态混合物而抽象的一种理论模型，从理想液态混合物所得到的公式只要进行适当的修正，就可以用于实际的液态混合物。由于构成理想液态混合物各组分的分子结构相似、分子体积接近、分子间作用力相等，因此在一定温度下形成的理想液态混合物表现出以下特征：①各组分混合时系统的体积变化为零，即 $\Delta_{\text{mix}} V = 0$；②各组分混合时系统无热效应产生，即 $\Delta_{\text{mix}} H = 0$；③各组分混合时系统的熵增大，即 $\Delta_{\text{mix}} S = -R \sum n_B \ln x_B > 0$；④各组分混合时系统的吉布斯函数减小，即 $\Delta_{\text{mix}} G = RT \sum n_B \ln x_B < 0$。

在一定温度下，溶剂和溶质分别服从拉乌尔定律和亨利定律的无限稀薄溶液称为**理想稀溶液**。由于组成理想稀溶液的各组分在微观性质上存在差异，如溶质与溶剂的分子体积不同、分子间作用力相差较大，这就必然导致在形成理想稀溶液时系统会出现明显的体积变化并产生热效应。

三、多组分系统的经验定律

1. 拉乌尔定律

纯液体在一定温度下具有确定的饱和蒸气压。大量实验结果表明，在一定温度下向纯溶剂 A 中加入溶质 B，无论溶质挥发与否，溶剂 A 在气相中的蒸气分压 p_A 都要下降。法国化学家拉乌尔（Francois Raoult）于 1887 年在归纳大量实验事实的基础上提出了如下经验性的定量规律——**拉乌尔定律**：稀溶液中溶剂的蒸气压 p_A 等于同一温度下纯溶剂的饱和蒸气压 p_A^* 与溶液中溶剂摩尔分数 x_A 的乘积，用公式可表示为：

$$p_A = p_A^* x_A \tag{2-5a}$$

若稀溶液中只有 A、B 两种组分，由于 $x_A + x_B = 1$，拉乌尔定律也可表示为：

$$p_A = p_A^* (1 - x_B) \tag{2-5b}$$

从微观角度解释：对于稀溶液而言，当纯溶剂 A 中溶解了少量的溶质 B 后，虽然 A-B

分子间的受力情况与A-A分子间的受力情况不同，但由于B的相对数量很少，对于每个A分子来说，其周围绝大多数的相邻分子还是同种分子A，故可认为其总体受力情况与同温度下在纯液体A中的受力情况相同，因而稀溶液中每个A分子逸出液相界面进入气相的概率与纯液体相同。但是由于溶液中加入了一定量的溶质B，使单位液面上A分子所占液面上方分子总数的比例从纯溶剂时的100%下降至稀溶液的x_A（$x_A < 100\%$），造成单位液面上溶剂A的蒸发速率按比例下降；因此单位时间、单位面积上A分子的蒸发速率降低，液面上方溶剂A的饱和蒸气压下降。见图2-1。

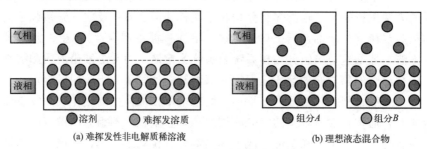

图 2-1　拉乌尔定律示意图

拉乌尔定律最初是从含有非挥发性的非电解质稀溶液中总结出来的经验定律，随后进一步的实验事实表明这一定律对于理想液态混合物同样适用。

【例2-2】 已知$80℃$时苯和甲苯的饱和蒸气压分别为$100kPa$和$38.7kPa$，若同一温度下苯和甲苯的液态混合物达到气-液平衡时气相组成为$y_苯 = 0.50$，试求该混合物的液相组成。

解： 假设该液态混合物中两组分均服从拉乌尔定律，则由道尔顿分压定律可知

$$y_苯 = \frac{p_苯}{p_苯 + p_{甲苯}} = \frac{p_苯^* x_苯}{p_苯^* x_苯 + p_{甲苯}^* x_{甲苯}} = \frac{100 \times x_苯}{100 \times x_苯 + 38.7 \times (1 - x_苯)} = 0.50$$

解得

$$x_苯 = 0.279$$

$$x_{甲苯} = 1 - x_苯 = 0.721$$

2. 亨利定律

当气体与液体相接触时，气体分子就会被液体吸收，发生气体溶于液体的过程；而被溶解了的气体分子也会发生相反的过程，从液体中逸出。在一定温度下，当气体溶解速率和逸出速率相等时就达到了动态平衡，此时的溶液称为该气体的饱和溶液。气体在液体中的溶解能力大小不但与气体和液体的自身性质有关，而且与溶解时的温度和气体溶质的分压力有关。

大多数情况下，气体溶解于液体的过程伴随有放热现象。因此气体的溶解度一般随温度的升高而降低，例如水在加热时有气泡冒出就是这个缘故。

表2-1为不同温度下O_2在水中的溶解度。

表 2-1　不同温度下O_2在水中的溶解度

温度/℃	O_2 的溶解度/(g/1000gH₂O)
0	0.00694
20	0.00443
40	0.00311
60	0.00221
80	0.00135

此外，气体在液体中的溶解度还与该气体的压力有关，这里提到的压力是指在平衡状态下该气体溶质的平衡分压。例如空气溶于水，对于氧气的溶解度来说是指溶解达到平衡时氧气的分压，而不是空气的总压力。换言之，当某种气体溶解于液体中并达到平衡时，增大该气体的分压将使它的溶解度增大。溶解度不大的气体溶于液体的特点是：气体溶质的分子溶入液体溶剂后，就会完全均匀地被液体溶剂分子所包围。对于这样的稀溶液，压力与气体溶解度的关系有着简单的规律性。英国化学家亨利（Henry Cavendish）在 1803 年根据实验总结出稀溶液的另一条重要的经验规律——**亨利定律**：一定温度下，稀溶液中气体 B 在液体中的溶解度与该气体的平衡分压 p_B 成正比；进一步研究表明，该定律对于稀溶液中的挥发性溶质也同样适用。亨利定律用公式可表示为：

$$p_B = k_x x_B \tag{2-6a}$$

$$p_B = k_b b_B \tag{2-6b}$$

$$p_B = k_c c_B \tag{2-6c}$$

式中，k 为挥发性溶质 B 在液体中的亨利系数，其数值与系统的温度、压力、溶质和溶剂的本性以及浓度的表示方法有关。

表 2-2 为几种气体在水和苯中的亨利系数 k_x。

表 2-2　几种气体在水和苯中的亨利系数 k_x（25℃）

气体		H_2	N_2	O_2	CO	CO_2	CH_4	C_2H_2	C_2H_4	C_2H_6
k_x/GPa	水为溶剂	7.2	8.68	4.40	5.79	0.166	4.18	0.135	1.16	3.07
	苯为溶剂	0.367	0.239		0.163	0.114	0.0569			

对于指定的溶质和溶剂而言，温度升高，挥发性溶质的挥发能力增强，亨利系数增大。换言之，当气体的分压一定时，温度升高，气体的溶解度减小。

【例 2-3】 已知 273.15K、101.325kPa 下，O_2 在水中的溶解度为 $4.490 \times 10^{-2} dm^3 \cdot kg^{-1}$，$H_2O$ 的密度为 $1000 kg \cdot dm^{-3}$。试求该温度下 O_2 在水中的亨利系数 $k_x(O_2)$、$k_b(O_2)$ 和 $k_c(O_2)$。

解： 在 273.15K、101.325kPa 下，O_2 的摩尔体积 V_m 为 $22.41 dm^3 \cdot mol^{-1}$，因此

$$x(O_2) = \frac{n(O_2)}{n(O_2) + n(H_2O)} = \frac{\dfrac{4.490 \times 10^{-2}}{22.41}}{\dfrac{4.490 \times 10^{-2}}{22.41} + \dfrac{1000}{18.02}} = 3.610 \times 10^{-5}$$

$$k_x(O_2) = \frac{p(O_2)}{x(O_2)} = \frac{101325}{3.610 \times 10^{-5}} = 2.807 \times 10^9 (Pa)$$

$$b(O_2) = \frac{n(O_2)}{m(H_2O)} = \frac{4.490 \times 10^{-2}}{22.41} = 2.004 \times 10^{-3} (mol \cdot kg^{-1})$$

$$k_b(O_2) = \frac{p(O_2)}{b(O_2)} = \frac{101325}{2.004 \times 10^{-3}} = 5.056 \times 10^7 (Pa \cdot kg \cdot mol^{-1})$$

$$c(O_2) = b(O_2) \times \rho(H_2O) = 2.004 \times 10^{-3} \times 1.000 = 2.004 \times 10^{-3} (mol \cdot dm^{-3})$$

$$k_c(O_2) = \frac{p(O_2)}{c(O_2)} = \frac{101325}{2.004 \times 10^{-3}} = 5.056 \times 10^7 (Pa \cdot dm^3 \cdot mol^{-1})$$

使用亨利定律时需注意以下两点：①溶质 B 在气相和液相中的分子状态必须相同。例如 $HCl(g)$ 溶于 C_6H_6 中是以 HCl 分子形式存在，可以应用亨利定律；但 $HCl(g)$ 溶于 H_2O 时则会解离为 H^+ 和 Cl^-，此时亨利定律就不适用。②p_B 为挥发性溶质 B 在液面上的平衡分压力。对于气体混合物，在总压力不大时，亨利定律能分别适用于每一种气体。

高压氧舱是医学中进行高压氧治疗的专用医疗设备，其发明初衷是为了治疗一氧化碳中毒和潜水病，从 20 世纪 60 年代开始在世界范围内得到广泛应用。由于高压氧舱内部的氧气分压增加，氧在血液中的溶解度就会增大，可以减轻甚至消除由于缺氧所造成的对人体器官的损害，从而达到治疗的目的。宇航员在进行太空行走之前，首先要做的工作就是预防"减压病"的出现，因此宇航员出舱前必须要进行"吸氧排氮"的准备环节。其原理是通过大量吸入纯氧将飞行器高压密封环境下溶解在血液中的氮气用足够的时间释放出来，防止氮气在短时间内大量释放从而在血管中形成气栓威胁生命安全。

四、稀溶液的依数性

溶液的性质大致分为两大类：一类与溶质的自身性质有关，例如溶液的酸碱性、氧化还原性、导电性等；还有一些性质的出现，只与溶液的浓度即溶质的数量有关，而与溶质的本性无关，我们把这类性质称为**稀溶液的依数性**。

1. 溶剂的蒸气压下降

稀溶液中溶剂的蒸气压 p_A 低于相同温度下纯溶剂的饱和蒸气压 p_A^*。如果溶液中只有溶剂 A 和溶质 B 两个组分，由于 $x_A + x_B = 1$，那么将拉乌尔定律的数学表达式 $p_A = p_A^* \times x_A$ 代入，可得稀溶液中溶剂的蒸气压降低值为

$$\Delta p_A = p_A^* - p_A = p_A^* - p_A^* x_A = p_A^* (1 - x_A) = p_A^* x_B \tag{2-7}$$

式(2-7) 表明稀溶液中溶剂的蒸气压下降值与溶液中溶质的摩尔分数成正比，蒸气压下降值只与溶质的数量有关，而与溶质的本性无关。以非挥发性溶质甘露蜜醇的水溶液为例，表 2-3 列举了根据拉乌尔定律计算和由实验测定的溶剂水的蒸气压下降值，二者基本吻合。

表 2-3 甘露蜜醇水溶液的蒸气压下降值 (20℃)

溶质的摩尔分数 x_A	蒸气压下降值 Δp_A/Pa		相对误差/%
	计算值	实验值	
0.001769	4.093	4.146	＋1.0
0.003548	8.186	8.293	＋1.3
0.005308	12.292	12.412	＋0.9
0.007060	16.359	16.479	＋0.7
0.008821	20.478	20.598	＋0.6
0.01058	24.798	24.758	－0.2
0.01234	28.824	28.824	0.0
0.01408	33.037	32.891	－0.4
0.01582	37.224	36.957	－0.7
0.01754	41.276	40.970	－0.7

【例 2-4】已知 25℃时纯水的饱和蒸气压为 3159.7Pa，现有甘油的水溶液中含甘油的质量分数为 10%，问溶液上方的蒸气压是多少？

解： 以 A 代表水，B 代表甘油，则甘油的摩尔分数为

$$x_B = \frac{n_B}{n_A + n_B} = \frac{0.10/92}{0.90/18 + 0.10/92} = 0.020$$

$$p_A = p_A{}^* x_A = p_A{}^* (1 - x_B) = 3159.7 \times (1 - 0.020) = 3097 (\text{Pa})$$

溶剂的蒸气压下降是造成凝固点降低、沸点升高和渗透压的根本原因。

2. 溶剂的凝固点降低

凝固点是指在一定外压下，稀溶液中的固态纯溶剂开始析出的温度。在溶剂与溶质不形成固溶体的情况下，稀溶液的凝固点 T_f 总是低于纯溶剂的凝固点 T_f^*。如图 2-2 所示，CA 线为固态纯溶剂的蒸气压曲线，AA' 线为液态纯溶剂的蒸气压曲线，两曲线的交点为 A，交点处液态与固态纯溶剂的蒸气压相等，液-固两相处于平衡状态，A 点所对应的温度 T_f^* 即为纯溶剂的凝固点。由拉乌尔定律可知，稀溶液的蒸气压低于同温度下纯溶剂的蒸气压，因而稀溶液的蒸气压曲线 BB' 始终位于纯溶剂的蒸气压曲线 AA' 的下方。该曲线与固态纯溶剂的蒸气压曲线 CA 交于 B 点，B 点处稀溶液的蒸气压与固态纯溶剂的蒸气压相等，稀溶液与固态纯溶剂处于液-固两相平衡，故 B 点所对应的温度为该溶液的凝固点 T_f，显然 $T_f < T_f^*$。

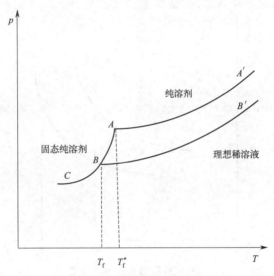

图 2-2　稀溶液的凝固点下降

实验证明，稀溶液中溶剂的凝固点降低数值与溶质 B 的质量摩尔浓度成正比，即

$$\Delta T_f = T_f{}^* - T_f = k_f b_B = k_f \frac{n_B}{m_A} = k_f \frac{m_B/M_B}{m_A} \tag{2-8}$$

式 (2-8) 中 k_f 为凝固点下降系数，它与溶剂的性质有关，而与溶质性质无关。表 2-4 是常见溶剂的 T_f^* 和 k_f 值。

表 2-4　常见溶剂的 T_f^* 和 k_f 值

溶剂	水	乙醇	苯	环己烷	萘	樟脑	四氯化碳
$T_f{}^*/\text{K}$	273.15	289.75	278.65	279.65	353.5	446.15	250.2
$k_f/\text{K} \cdot \text{kg} \cdot \text{mol}^{-1}$	1.86	3.90	5.12	20.0	6.9	40	29.8

稀溶液凝固点下降的性质在实验和生产上具有广泛的用途，例如溶剂纯度的检验、测定溶质的分子量、制备冷却剂和防冻剂等。

【例 2-5】在 25.0g 苯中溶入 0.245g 苯甲酸，测得凝固点降低值为 0.2048K，试求苯甲酸溶解在溶剂苯中的摩尔质量。

解： 查表可知苯的 $k_f = 5.12 \text{K} \cdot \text{kg} \cdot \text{mol}^{-1}$，由

$$\Delta T_f = k_f b_B = k_f \frac{n_B}{m_A} = k_f \frac{m_B/M_B}{m_A}$$

可得

$$M_B = \frac{k_f m_B}{\Delta T_f m_A} = \frac{5.12 \times 0.245 \times 10^{-3}}{0.2048 \times 25.0 \times 10^{-3}} = 0.245 (\text{kg} \cdot \text{mol}^{-1})$$

3. 溶剂的沸点升高

沸点是指液体的饱和蒸气压等于外界大气压时的温度。当纯溶剂中加入溶质后，由于稀溶液中溶剂的蒸气压低于纯溶剂蒸气压，因此稀溶液的沸点 T_b 总是高于纯溶剂的沸点 T_b^*。如图 2-3 所示，由拉乌尔定律可知，稀溶液的蒸气压曲线始终位于纯溶剂的蒸气压曲线的下方。当纯溶剂的蒸气压等于外界大气压 101.325kPa 时，纯溶剂就达到了沸点 T_b^*；而此温度下稀溶液的蒸气压低于外压，还未达到沸点，故溶液不沸腾。若要使稀溶液在同一外压下沸腾，必须使温度升高到 T_b，显然 $T_b > T_b^*$。

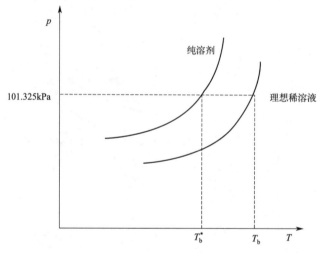

图 2-3　稀溶液的沸点升高

实验证明，稀溶液中溶剂的沸点升高数值与溶质 B 的质量摩尔浓度成正比，即

$$\Delta T_b = T_b - T_b^* = K_b b_B = K_b \frac{n_B}{m_A} = K_b \frac{m_B/M_B}{m_A} \tag{2-9}$$

式(2-9) 中 K_b 为沸点升高系数，它与溶剂的性质有关，而与溶质性质无关。表 2-5 为常见溶剂的 T_b^* 和 K_b 值。

表 2-5　常见溶剂的 T_b^* 和 K_b 值

溶剂	水	甲醇	乙醇	丙酮	氯仿	苯	四氯化碳
T_b^*/K	373.15	337.66	351.48	329.3	334.35	353.1	349.87
$K_b/\text{K} \cdot \text{kg} \cdot \text{mol}^{-1}$	0.52	0.83	1.19	1.73	3.85	2.60	5.02

工业上可以利用沸点升高值测定非电解质小分子的摩尔质量。

【例 2-6】 已知烟草中的有害成分为尼古丁，将 496mg 尼古丁溶于 10.0g 水中，所得溶液在 101.325kPa 下的沸点为 100.17℃，求尼古丁的摩尔质量。

解： 查表可知水的 $K_b=0.52K \cdot kg \cdot mol^{-1}$

$$\Delta T_b = T_b - T_b^* = 373.32 - 373.15 = 0.17(K)$$

由

$$\Delta T_b = K_b b_B = K_b \frac{n_B}{m_A} = K_b \frac{m_B/M_B}{m_A}$$

可得

$$M_B = \frac{K_b m_B}{\Delta T_b m_A} = \frac{0.52 \times 496 \times 10^{-3}}{0.17 \times 10.0} = 151.7(g \cdot mol^{-1})$$

想一想

利用溶液的凝固点降低和沸点升高都能测定溶质的分子量，选择哪种方法更好？

① 由于大多数常见溶剂的 $k_f > K_b$，因此同一溶液的 $\Delta T_f > \Delta T_b$；且液体的沸点受外界大气压影响较大。综合考虑，利用溶液的凝固点降低法测定溶质的分子量灵敏度较高，实验误差较小。

② 溶液的沸点升高法测定溶质的分子量会因温度高而引起溶剂挥发，从而导致溶液浓度变大引起较大的实验误差。

③ 若溶质为不耐高温的生物样品，则在加热过程中易导致溶质变性或破坏，测定结束无法回收样品。

4. 渗透压

许多天然膜或人造膜（如细胞膜、动物膀胱、玻璃纸等）对于物质的透过具有选择性：只允许某种离子通过，不允许另一种离子通过；或者只允许溶剂分子通过，而不允许溶质分子通过。这类膜被称为半透膜。

在等温等压条件下，用一个只允许溶剂分子通过而不允许溶质分子通过的半透膜将纯溶剂与溶液隔开，经过一段时间后发现溶液端的液面会上升至某一高度，如图 2-4 所示。如果溶液的浓度改变，液面上升的高度也随之改变。这种溶剂通过半透膜渗透到溶液一边，使溶液端的液面升高的现象称为**渗透现象**。

如果想使两侧液面高度相同，则需要在溶液端施加额外压力。假设在等温等压下，当溶液一侧所施加外压力为 π 时，两侧液面可持久保持同一水平，也就是达到渗透平衡，这个压力 π 称为**渗透压**。任何溶液都有渗透压，但是如果没有半透膜将溶液与纯溶剂隔开，渗透压无法体现。

1886 年荷兰物理化学家范特霍夫（Van't Hoff）根据大量实验得出：稀溶液的渗透压数值与溶液中所含溶质的物质的量浓度成正比，即

$$\pi = c_B RT = \frac{n_B}{V} RT = \frac{m_B/M_B}{V} RT \tag{2-10}$$

利用稀溶液的渗透压，同样可以测定溶质的摩尔质量，检验溶剂的纯度。

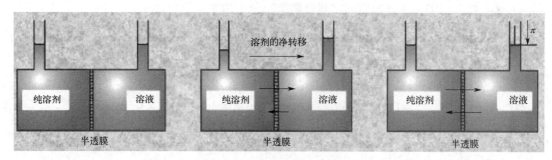

图 2-4　渗透平衡示意图

【例 2-7】 1L 溶液中含有 5.0g 马的血红素，在 298K 时测得溶液的渗透压为 1.80×10^2 Pa，求马的血红素的摩尔质量。

解： 由

$$\pi = c_B RT = \frac{n_B}{V} RT = \frac{m_B / M_B}{V} RT$$

可得

$$M_B = \frac{m_B RT}{\pi V} = \frac{5 \times 8.314 \times 298}{1.80 \times 10^2 \times 1 \times 10^{-3}} = 6.9 \times 10^4 (\mathrm{g \cdot mol^{-1}})$$

渗透压在生物体内具有十分重要的作用，有机体内的细胞膜大多具有半透膜的特性。例如，一般植物的渗透压在 $405 \sim 2026$ kPa，若植物与高于此值的液体相接触，植物中的水分会迅速向外渗透，导致植物枯萎死亡，这就是盐碱地里庄稼不能正常生长的原因。若施加的额外压力大于渗透压，溶剂便能从溶液进入纯溶剂，这种现象称为**反渗透**。反渗透最初用于海水的淡化，后来也用于工业废水的处理。见图 2-5。

渗透与反渗透现象

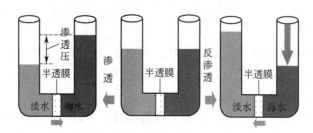

图 2-5　渗透与反渗透现象

海水淡化是指通过设备或装置去除海水中盐分获得淡水的工艺过程，这是目前解决全球淡水资源匮乏的重要途径之一。在历经半个多世纪的研究和发展的基础上，当今全球主流的海水淡化技术包括蒸馏法、电渗析法和反渗透法三种类型。

反渗透法起源于 20 世纪 50 年代，并于 20 世纪 70 年代开始得到应用，之后由于该方法具有建设规模灵活、设备投资较小、运行能耗较低等特点得以飞速发展。当前全球约 70% 的海水淡化装置都选用了反渗透技术，而我国已建和在建的反渗透法海水淡化装置总装机容量达到了全国海水淡化总容量的 65%。现阶段采用反渗透法进行海水淡化的制水成本约为 $3 \sim 4$ 元/吨，这一价格已经接近我国部分水资源紧缺的城市自来水价格。未来随着我国海水淡化设备国产化比例的提高和工程规模的扩大，制水成本仍有下降空间，最终会成为老百姓们"用得起"的自来水随市政管网进入千家万户。

【提升篇】

要描述单一组分或组成恒定的封闭系统的状态，只需要知道温度 T 和压力 p 两个变量。但实验结果表明，当多组分系统的组成发生改变时，该系统广度性质的改变除了与 T、p 有关外，还与各组分物质的量 n 的变化有关。为了能够定量描述多组分系统的热力学性质，有必要引入两个新的状态函数——偏摩尔量和化学势。

一、偏摩尔量

1. 偏摩尔量的定义

设任一均相多组分系统中某个广度性质 Z 除了与 T、p 有关外，还与系统中各组分的物质的量 n_1、n_2、$\cdots$、n_i 等有关，即

$$Z = f(T, p, n_1, n_2, \cdots)$$

若系统的状态发生任意一个微小变化，则 Z 也会有相应的微小变化，用全微分表示为

$$dZ = \left(\frac{\partial Z}{\partial T}\right)_{p,n} dT + \left(\frac{\partial Z}{\partial p}\right)_{T,n} dp + \left(\frac{\partial Z}{\partial n_1}\right)_{T,p,n_2,n_3,\cdots,n_i} dn_1 + \left(\frac{\partial Z}{\partial n_2}\right)_{T,p,n_1,n_3,\cdots,n_i} dn_2 + \cdots + \left(\frac{\partial Z}{\partial n_i}\right)_{T,p,n_1,n_2,\cdots,n_{i-1}} dn_i$$

或写成

$$dZ = \left(\frac{\partial Z}{\partial T}\right)_{p,n} dT + \left(\frac{\partial Z}{\partial p}\right)_{T,n} dp + \sum_{B=1}^{i} \left(\frac{\partial Z}{\partial n_B}\right)_{T,p,n_{C(C \neq B)}} dn_B \qquad (2\text{-}11)$$

现定义

$$Z_B = \left(\frac{\partial Z}{\partial n_B}\right)_{T,p,n_{C(C \neq B)}} \qquad (2\text{-}12)$$

式(2-12) 中，Z_B 称为**偏摩尔量**，其物理意义为：在等温、等压和其余组分物质的量不变的条件下，向无限大量系统中加入 1mol 组分 B 引起系统广度性质 Z 的改变量。

迄今为止，已经学习的热力学函数中属于广度性质的有 V、U、H、S、A 和 G，对应的偏摩尔量表示如下：

偏摩尔体积 $V_B = \left(\dfrac{\partial V}{\partial n_B}\right)_{T,p,n_{C(C \neq B)}}$

偏摩尔热力学能 $U_B = \left(\dfrac{\partial U}{\partial n_B}\right)_{T,p,n_{C(C \neq B)}}$

偏摩尔焓 $H_B = \left(\dfrac{\partial H}{\partial n_B}\right)_{T,p,n_{C(C \neq B)}}$

偏摩尔熵 $S_B = \left(\dfrac{\partial S}{\partial n_B}\right)_{T,p,n_{C(C \neq B)}}$

偏摩尔亥姆霍兹函数 $A_B = \left(\dfrac{\partial A}{\partial n_B}\right)_{T,p,n_{C(C \neq B)}}$

偏摩尔吉布斯函数 $G_B = \left(\dfrac{\partial G}{\partial n_B}\right)_{T,p,n_{C(C \neq B)}}$

2. 偏摩尔量集合公式

在等温、等压条件下，因为 $dT = 0$，$dp = 0$，故而对式（2-12）积分可得

$$Z = \int_0^Z dZ = \int_0^{n_1} Z_1 dn_1 + \int_0^{n_2} Z_2 dn_2 + \cdots + \int_0^{n_i} Z_i dn_i = n_1 Z_1 + n_2 Z_2 + \cdots + n_i Z_i$$

(2-13)

即

$$Z = \sum_{B=1}^{i} n_B Z_B$$

(2-14)

式（2-14）被称为**偏摩尔量集合公式**，此式说明：在等温、等压条件下，多组分系统的某一广度性质等于系统中各组分物质的量与其偏摩尔量的乘积之和。

【例 2-8】在 $15℃$、$p^{\ominus}$ 时，某酒厂的酒窖中有 $10.0\,m^3$ 的酒，现欲将质量分数为 96% 的乙醇加水调制成含乙醇 56% 的白酒，问应该加多少体积的水？已知在该条件下水的密度为 $999.1\,kg \cdot m^{-3}$；水和乙醇的偏摩尔体积分别为 $14.61 \times 10^{-6}\,m^3 \cdot mol^{-1}$ 和 $58.01 \times 10^{-6}\,m^3 \cdot mol^{-1}$。

解：设 A 为乙醇，B 为水，则由题意可得

$$\frac{m_B}{m_A + m_B} = \frac{n_B M_B}{n_A M_A + n_B M_B} = \frac{n_B \times 46}{n_A \times 18 + n_B \times 46} = 0.96$$ ①

由偏摩尔量的集合公式 $V = n_A V_A + n_B V_B$ 可得

$$10.0 = n_A \times 14.61 \times 10^{-6} + n_B \times 58.01 \times 10^{-6}$$ ②

联立①、②解得：

$$n_A = 1.788 \times 10^4\,mol$$

$$n_B = 1.679 \times 10^5\,mol$$

调制后质量分数为 56% 的白酒质量为

$$m = \frac{m_B}{w_B} = \frac{n_B M_B}{w_B} = \frac{1.679 \times 10^5 \times 46 \times 10^{-3}}{0.56} = 1.379 \times 10^4 (kg)$$

加入水的质量为

$$m_A = m - m_B = 1.379 \times 10^4 - 1.679 \times 10^5 \times 46 \times 10^{-3} = 6.067 \times 10^3 (kg)$$

加入水的体积为

$$V_A = \frac{m_A}{\rho_A} = \frac{6.067 \times 10^3}{999.1} = 6.07 (m^3)$$

3. 吉布斯-杜亥姆方程

如果不是按比例向系统中同时添加各组分，而是分批依次加入 n_1、n_2、...、n_i，则在这一过程中系统的浓度将有所改变。此时不但物质的量 n_1、n_2、...、n_i 发生变化，系统中任一广度性质 Z_1、Z_2、...、Z_i 也会同时改变。在等温、等压条件下，有：

$$\sum_{B=1}^{i} n_B dZ_B = 0$$

(2-15)

即

$$n_1 dZ_1 + n_2 dZ_2 + \cdots + n_i dZ_i = 0$$

若除以混合物的总物质的量，则得：

$$\sum_{B=1}^{i} x_B \, dZ_B = 0 \qquad (2\text{-}16)$$

即

$$x_1 dZ_1 + x_2 dZ_2 + \cdots + x_i dZ_i = 0$$

式（2-15）和式（2-16）称为**吉布斯-杜亥姆方程**，该方程只能在 T、p 恒定时才能使用。

吉布斯-杜亥姆方程表示偏摩尔量之间不是彼此无关的，而是具有一定的联系，表现为互为盈亏的关系。即当一些组分的偏摩尔量随 x_B 的增加而增加时，另一些组分的偏摩尔量必将随 x_B 的增加而减少，这在讨论多组分系统的问题时具有十分重要的意义。

二、化学势

1. 化学势的定义

在所有的偏摩尔量中，以偏摩尔吉布斯函数最具有实用价值、应用最广泛，因此混合物（或溶液）中任意组分 B 的偏摩尔吉布斯函数 G_B 有个专门的名称，叫做**化学势**，用符号 μ_B 表示，其定义式为：

$$\mu_B = G_B = \left(\frac{\partial G}{\partial n_B} \right)_{T,p,n_{C(C \neq B)}} \qquad (2\text{-}17)$$

式（2-17）表明：①化学势是系统的强度性质；②化学势的绝对值无法测定；③化学势的单位为 $J \cdot mol^{-1}$。

设有纯物质 B，其物质的量为 n_B，则

$$\mu_B^* = G_B^* = \left(\frac{\partial G^*}{\partial n_B} \right)_{T,p} \qquad (2\text{-}18)$$

式（2-18）表明：纯物质的化学势等于该物质的摩尔吉布斯函数，式中"*"表示纯物质。

2. 化学势判据

在等温、等压、非体积功为零的条件下，多组分封闭系统的吉布斯函数变化值为

$$dG = \sum_B \mu_B \, dn_B$$

根据吉布斯函数判据，在等温、等压、非体积功为零时，有

$$\sum_B \mu_B \, dn_B \leqslant 0 \qquad (2\text{-}19)$$

式（2-19）就是由热力学第二定律得到的物质平衡判据的一般形式，也称为**化学势判据**。它表明在等温、等压、非体积功为零的条件下，封闭系统能自发进行化学势降低的变化过程。换言之，物质的化学势是决定物质传递方向和限度的强度因素，这就是化学势的物理意义。

【扩展篇】

由于化学势的绝对值是不知道的，为了计算方便需要选择一个标准态，通常把标准态下

的化学势称为**标准化学势**。同一温度下其他状态（如压力、组成等）的化学势可以与标准化学势加以比较而得。

一、气体的化学势

单组分理想气体在温度为 T、压力为 $p^{\ominus}$ 时的化学势称为**理想气体的标准化学势**，用 $\mu^{\ominus}(T)$ 表示。非标准状态下单组分理想气体的化学势可表示为

$$\mu = \mu^{\ominus} + RT\ln\frac{p}{p^{\ominus}} \tag{2-20}$$

由于理想气体混合物中每种气体组分的状态并不会因为其他组分的存在而有所改变，因此当理想气体混合物的总压力为 p、任一组分 B 的分压力为 p_B 时，组分 B 在非标准状态下的化学势为

$$\mu_B = \mu_B^{\ominus} + RT\ln\frac{p_B}{p^{\ominus}} \tag{2-21}$$

真实气体在压力较高时其行为偏离理想气体模型，p、V、T 之间的关系不满足理想气体状态方程，为此路易斯在 1901 年引入了逸度的概念：

$$f = \varphi \times p \tag{2-22}$$

式(2-22)中 φ 称为逸度因子，其量纲为 1，它的意义相当于气体压力的校正系数。当气体压力 $p \to 0$ 时，$\varphi = 1$，此时 $f = p$，即气体表现出理想气体的性质。

相应地，单组分真实气体和真实气体混合物中任一组分 B 在非标准状态下的化学势可分别表示为

$$\mu = \mu^{\ominus} + RT\ln\frac{f}{p^{\ominus}} \tag{2-23}$$

$$\mu_B = \mu_B^{\ominus} + RT\ln\frac{f_B}{p^{\ominus}} \tag{2-24}$$

二、溶液的化学势

理想稀溶液中，溶剂服从拉乌尔定律，溶质服从亨利定律。通常将液态纯溶剂 A 在温度为 T、压力为 $p^{\ominus}$ 时的化学势称为**溶剂的标准化学势**，用 $\mu_A^{\ominus}(T)$ 表示。非标准状态下理想稀溶液中溶剂 A 和溶质 B 的化学势可分别表示为

$$\mu_A = \mu_A^{\ominus} + RT\ln x_A \tag{2-25a}$$

$$\mu_B = \mu_B^{\ominus} + RT\ln x_B \tag{2-25b}$$

1907 年，路易斯提出在真实溶液中，任一组分的浓度需采用活度代替才能符合若干物理化学定律（如拉乌尔定律、亨利定律、分配定律、质量作用定律等）

$$a = \gamma \times c \tag{2-26}$$

式(2-26)中 γ 称为活度因子，其量纲为 1，它的意义相当于浓度校正系数。

相应地，真实溶液中溶剂 A 和溶质 B 在非标准状态下的化学势可分别表示为

$$\mu_A = \mu_A^{\ominus} + RT\ln a_A \tag{2-27a}$$

$$\mu_B = \mu_B^{\ominus} + RT\ln a_B \tag{2-27b}$$

可持续，向未来——科技助力绿色冬奥

举世瞩目的 2022 年北京冬奥会和北京冬残奥会胜利落下帷幕，"绿色"是本次冬奥会的最亮底色。在张家口赛区云顶场馆群所使用的中国煤炭科工集团煤科院研发的"极索"融雪剂，是我国具有自主知识产权的一种非氯型环保融雪剂。冰点低（＜－40℃）、融雪快、低浓度地面无白渍残留、抗滑性能衰减是"极索"融雪剂所独有的技术亮点，此外该融雪剂中还引入了钾元素等植物营养元素，融化后的雪水有助于植物生长，更为环保。"极索"融雪剂为全国人民交出了一份高质量助力"科技冬奥"的满意答卷。

无论是开幕式或是比赛现场，还是赛场环境的保障工作，低碳可持续发展的理念随处可见，让这四年一次的冰雪盛会得到了全世界的赞誉。这是奥运史上一次低碳可持续发展的绿色实践，具有里程碑式意义。

【课后习题】

（一）判断题

（1）双组分理想液态混合物液面上方的蒸气总压一定大于任一组分的蒸气分压。（   ）

（2）当温度一定时，纯溶剂的饱和蒸气压越大，溶剂在液相中的摩尔分数越大。（   ）

（3）在一定温度下，当气体在溶剂中的 Henry 系数越大，则该气体在同一溶剂中的溶解度也越大。（   ）

（4）理想稀溶液的凝固点一定低于相同压力下纯溶剂的凝固点。（   ）

（5）在相同的温度和压力下，浓度都是 $0.01 \text{mol} \cdot \text{kg}^{-1}$ 的蔗糖与食盐水溶液的渗透压相等。（   ）

（6）只有广度性质才有偏摩尔量。（   ）

（7）纯物质的化学势等于其 Gibbs 函数。（   ）

（二）填空题

（1）已知双组分溶液中溶剂 A 的摩尔质量为 M_A，溶质 B 的质量摩尔浓度为 b_B，则 B 的摩尔分数 x_B 为_____。

（2）在室温下将一定量的苯和甲苯混合，这一过程所对应的 ΔH 大约为_____。

（3）25℃ 时，某气体在水和苯中的 Henry 系数分别为 k_1 和 k_2，并且 $k_1 > k_2$，则在相同的分压下，该气体在水中的溶解度_____（大于、等于、小于）在苯中的溶解度。

（4）稀溶液的依数性与溶液中溶质的浓度成_____比，其比例系数与_____无关。

（5）海水结冰的温度比纯水结冰的温度_____，其温度改变可以用公式来表示。

（三）选择题

（1）理想液态混合物的定义是（   ）。

A. 在某一浓度范围内符合 Raoult 定律的液态混合物

B. 在某一浓度范围内符合 Henry 定律的液态混合物

C. 某一组分在全部浓度范围内都符合 Raoult 定律的液态混合物

D. 任一组分在全部浓度范围内都符合 Raoult 定律的液态混合物

（2）溶剂遵循 Raoult 定律、溶质遵循 Henry 定律的双组分溶液是（　　）。

A. 理想液态混合物　B. 理想稀薄溶液　　C. 真实溶液　　　　D. 胶体溶液

（3）冬季建筑施工时，为了保证施工质量，常在浇注混凝土时加入盐类，其主要作用是（　　）。

A. 增加混凝土的强度　　　　　　　　B. 防止建筑物被腐蚀

C. 降低混凝土的固化温度　　　　　　D. 吸收混凝土中的水分

（4）土壤中盐分含量高时植物难以生存，这与稀溶液的（　　）有关。

A. 蒸气压下降　　　B. 凝固点降低　　　C. 沸点升高　　　D. 渗透压

（5）在恒温抽成真空的玻璃罩中放入两杯液面高度相同的蔗糖水和纯净水，经过一段时间后，两杯液体的液面高度为（　　）。

A. 蔗糖水高于纯净水　　　　　　　　B. 蔗糖水等于纯净水

C. 蔗糖水低于纯净水　　　　　　　　D. 视温度而定

（6）组分 B 从 α 相扩散到 β 相的过程中，下列说法正确的是（　　）。

A. 总是从浓度高的相扩散到浓度低的相　B. 总是从浓度低的相扩散到浓度高的相

C. 平衡时两相中组分 B 的浓度一定相等　D. 总是从高化学势移向低化学势

（四）简答题

（1）在热力学上如何区分混合物和溶液？

（2）冬天北方吃冻梨前先将冻梨放入凉水中浸泡一段时间，随后会发现冻梨表面结了一层薄冰，而里面却已经解冻了，试解释其原因。

（3）为什么在盐碱地中庄稼总是长势不良？

（4）为什么被砂锅中的肉汤烫伤的程度要比被开水烫伤厉害得多？

（五）计算题

（1）20℃时 1L 的 NaBr 水溶液中含溶质 321.99g，此温度下水溶液的体积质量为 $1.238g \cdot mL^{-1}$。试计算该溶液的：①溶质的摩尔分数；②溶质的质量摩尔浓度；③溶质的物质的量浓度。

（2）为了防止高寒地区汽车发动机的水箱结冰，常向水中加入乙二醇作为抗冻剂。若要使水的凝固点下降至 243K，需要向每千克水中加入多少乙二醇？（已知水的 k_f 为 1.86K · $kg \cdot mol^{-1}$，乙二醇的摩尔质量为 $62g \cdot mol^{-1}$）

（3）现有一乙醇和水形成的均相混合物，其中水的摩尔分数为 0.4，乙醇的偏摩尔体积为 $57.5cm^3 \cdot mol^{-1}$，混合物的密度为 $0.8494g \cdot cm^{-3}$。试计算混合物中水的偏摩尔体积。

模块三 相平衡

📚 学习要求

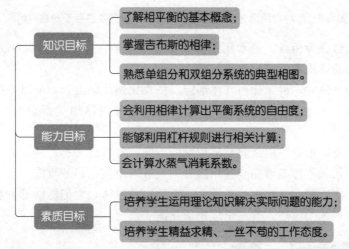

日常经验告诉我们：如果将液态水加热，当热到一定程度时就会沸腾（持续产生大量气泡、维持恒定温度直至水全部汽化）；相反，冷却液态水最终会使其结冰（逐渐生成冰、温度不变直至全部结冰）。这就是相变和相平衡的经验基础。相平衡是应用热力学原理和方法研究多相平衡系统的状态随温度、压力、组成的改变而变化的规律。如果用图形来描述多相平衡系统的组成与温度、压力之间的关系，这种图形就称为**相图**。相图是讨论相平衡的基础，对解决很多实际问题起着重要的作用。

在化工生产过程中，对多相系统的相平衡的研究具有重要的实际意义。例如生产中物料的分离操作，就经常要通过相变过程；此外，选择分离方法、设计分离装置、采取最佳操作等也都离不开对相平衡的研究。

【基础篇】

一、相平衡基本概念

1. 相和相数

系统中物理性质和化学性质完全相同的均匀部分称为**相**。相与相之间在指定条件下具有明显的界面，越过界面时性质会发生突变；不同的相可以用物理或机械方法加以分离。一种物质可以有不同的相，如水蒸气、液态水和冰是 H_2O 的三种不同存在形式；而不同物质也可以共存于一相中，如乙醇与水的混合物。见图 3-1。

图 3-1　同种物质具有不同的相　(a)以及不同物质共存于一相　(b)

　　系统中相的数目称为**相数**，通常用符号 ϕ 表示。只有一个相的系统称为**均相系统**，有两个或两个以上相的系统称为**多相系统**。

　　当研究对象为气体时，因为任何气体都能以任意比例均匀混合，所以系统内不论有多少种气体都只有一相。例如空气是 N_2、O_2 以及其他多种气体均匀混合组成的，只有一个气相。

　　对于液体混合物，根据它们之间互溶程度的不同，能够以一相、两相或三相同时存在于一个系统中。例如水和乙醇能够完全互相溶解，只有一个液相；苯难溶于水，因此水和苯分成两个液层，有两个液相；又如水、乙醚、乙烯腈三种液体，它们能够部分互溶，在一定温度和组成时可以出现三个液层，有三个液相。见图 3-2。

(a)一相　　　　　　　　　(b)两相　　　　　　　　　(c)三相

图 3-2　液态混合物具有不同的相数

　　对于固体混合物，通常有几种固体就有几相。例如铁粉和硫粉互相混合，表面看来好像是均匀的，但在放大镜下可以观察出铁粉与硫粉的颗粒互相分离，可以用磁铁将它们分开，因此是两个固相。此外，同种元素的同素异形体、同一物质的不同晶型也都自成一相。需要指出的是，如果几种固体之间已达到分子程度的混合，则只有一相，称为固溶体（如金属合金）。

2. 物种数和独立组分数

　　系统中可以单独分离出来，并能独立存在的物质的数目称为**物种数**，用符号 S 表示。例如，生理盐水的物种数 $S=2$，分别指 NaCl 和 H_2O，绝不能说 Na^+ 是一种物质，Cl^- 也是一种物质。同一种物质存在于不同相中只能算一个物种，如冰水混合物的物种数 $S=1$。

表示平衡系统中各相组成所需要的最少物种数称为**独立组分数**，用符号 C 表示。

需要注意的是，物种数和独立组分数是两个不同的概念。对于一个平衡系统而言，若系统中各种物质之间没有任何化学平衡存在，系统中存在几种物质就有几个组分，即 $C=S$；若系统物质之间存在化学反应，当达到化学平衡时，参与化学反应的各物质浓度存在一定的关系，此时独立组分数小于物种数，即 $C<S$。

例如在一定条件下，由 Cl_2、PCl_3 和 PCl_5 三种物质组成的系统达到平衡时有：$PCl_5(g) \rightleftharpoons PCl_3(g)+Cl_2(g)$，其物种数为 $S=3$。由于存在一个化学平衡，若已知系统中任意两种物质以及它们的浓度，通过化学方程式即可知道第三种物质是什么，根据平衡浓度和平衡常数之间的关系还可计算出第三种物质的浓度；因此该系统的独立组分数 $C=2$。若系统中还有一些其他的限制条件，如反应开始时，只有 PCl_5 一种物质，或者系统中 PCl_3 和 Cl_2 的物质的量之比为 $1:1$，则只要有一种物质 PCl_5，就可通过反应生成浓度比为 $1:1$ 的 PCl_3 和 Cl_2；此时系统的独立组分数为 $C=1$。

综上所述，系统的独立组分数可采用以下公式计算：

$$C=S-R-R' \tag{3-1}$$

式(3-1)中，R 为系统中独立的化学反应个数；R' 为独立限制条件个数。

在使用式(3-1)时需要注意以下两点：

① 独立的化学反应个数是指系统中的化学反应必须是彼此独立的。例如，反应系统中有 $C(s)$、$CO(g)$、$H_2O(g)$、$CO_2(g)$ 和 $H_2(g)$ 五种物质，在它们之间存在三个化学平衡，即

$$C(s)+H_2O(g) \rightleftharpoons CO(g)+H_2(g) \tag{a}$$
$$CO(g)+H_2O(g) \rightleftharpoons CO_2(g)+H_2(g) \tag{b}$$
$$C(s)+CO_2(g) \rightleftharpoons 2CO(g) \tag{c}$$

显然，这三个化学反应并不是独立的，反应(c)=(a)-(b)，因此该反应系统的 $R=2$。

② 独立限制条件包括浓度限制条件、电中性条件等，通常是指处于同一相的物质之间的限制条件。例如，$CaCO_3(s)$ 分解生成 $CaO(s)$ 和 $CO_2(g)$，尽管产物 $CaO(s)$ 和 $CO_2(g)$ 存在比例关系，但其中一种产物在固相，另一种产物在气相，不存在独立浓度限制条件，故而该反应系统的 $R'=0$。

3. 自由度

能维持相平衡系统中原有相数和相态不变，而在一定范围内可独立改变的强度变量（如温度、压力、各组分的浓度等）称为系统的**自由度**，用符号 f 表示。所谓"独立"是指这些强度变量在一定范围内任意变化，不会引起系统内相的数目的变化，即不会造成旧相消失或新相产生。

例如，对于单相的液态水来说，我们可以在一定的范围内任意改变液态水的温度，同时任意改变其压力而仍能保持水为单相（液相）。因此该系统有两个可以独立改变的强度变量，或者说它的自由度 $f=2$。当水和水蒸气平衡共存时，温度和压力两个变量中只有一个是可以独立改变的，一旦指定了温度，压力就不能任意改变。反之，若指定了压力，则温度就不能任意改变，否则会引起一个相的消失或产生一个新相，此时系统的自由度 $f=1$。当水、水蒸气、冰三相平衡共存时，系统的温度为 273.16K，压力为 610.62Pa，温度和压力都不能改变，此时系统的自由度 $f=0$。

对于简单的单组分系统的相平衡，可以根据我们的经验知识来判断自由度。但对于复杂的相平衡系统则很难用经验知识来判断自由度，因此需要有一个公式来指引，这就是相律。

二、相律

1875～1878 年间，美国理论物理学家吉布斯先后分两部分在康涅狄格（州）科学院学报上发表文章《关于多相物质的平衡》，共计约 400 页，含 700 多个公式。相律是热力学基本原理在多相系统中的应用结果，是具有高度概括性的普适规律，它的重要意义在于推动了化学热力学及整个物理化学的发展，也成为相关领域诸如材料学、冶金学、地质学等学科的重要理论工具。其数学表达式如下：

$$f = C - \phi + b \tag{3-2}$$

式（3-2）中，C 为系统的独立组分数；ϕ 为系统的相数；b 为影响系统性质的外界因素个数（如温度、压力、电场、磁场、重力场、表面能等）。

在应用相律时，要注意以下几点：

① 相律只适用于已经达到相平衡的系统，系统的自由度 $f \geqslant 0$。

② 相律只能确定相平衡系统中可以独立改变的强度变量个数，而不能指出是哪些强度变量，也无法指出这些强度变量之间的关系。

③ 若影响系统相平衡的外界因素只有温度和压力这两个因素时，式（3-2）可表示为：$f = C - \phi + 2$。

④ 对于凝聚系统，外界压力对相平衡的影响较小，此时可看作只有温度一个影响因素，式（3-2）可表示为：$f = C - \phi + 1$。

【例 3-1】 一定温度下，$MgCO_3(s)$ 在密闭抽空的容器中分解为 $MgO(s)$ 和 $CO_2(g)$，求达到平衡时系统的相数、独立组分数和自由度。

解： 系统达到化学平衡时，有

$$MgCO_3(s) \Longrightarrow MgO(s) + CO_2(g)$$

$$\phi = 3$$

$$C = S - R - R' = 3 - 1 - 0 = 2$$

$$f = C - \phi + 1 = 2 - 3 + 1 = 0$$

三、相平衡条件

设任意一个多组分系统中仅有 α 和 β 两相，且这两相彼此处于平衡状态。在等温、等压条件下，有 dn_B 的物质 B 从 α 相转移到 β 相，根据偏摩尔量集合公式（2-14）可得

$$dG = dG_B^{\alpha} + dG_B^{\beta} = \mu_B^{\alpha} dn_B^{\alpha} + \mu_B^{\beta} dn_B^{\beta}$$

就 α 相和 β 相而言，它们之间互为敞开系统；但对于整个系统来说，仍然属于封闭系统。因为两相之间发生物质 B 的转移过程中有 $-dn_B^{\alpha} = dn_B^{\beta}$，则

$$dG = -\mu_B^{\alpha} dn_B^{\beta} + \mu_B^{\beta} dn_B^{\beta} = (\mu_B^{\beta} - \mu_B^{\alpha}) dn_B^{\beta}$$

由于物质 B 发生相间转移的量为正值，即 $dn_B^{\beta} > 0$，如果 $\mu_B^{\alpha} > \mu_B^{\beta}$，则 $dG < 0$，即物质 B 从 α 相转移到 β 相是自发过程；换言之，物质 B 从 β 相转移到 α 相则是非自发过程。当达到相平衡时，有 $dG = 0$，即 $\mu_B^{\alpha} = \mu_B^{\beta}$。

以此类推，若系统中有 α、β、γ、δ 等相存在，则任一物质 B 在各相中的化学势均相等，即

$$\mu_B^{\alpha} = \mu_B^{\beta} = \mu_B^{\gamma} = \mu_B^{\delta} = \cdots \tag{3-3}$$

式(3-3) 称为**相平衡条件**。综上所述，对于多相平衡系统，不论有多少种物质和由多少个相构成，平衡时系统具有相同的温度和压力，并且任一种物质的含有该物质的各个相中的化学势都相等。

四、纯物质的两相平衡

1. 克拉佩龙方程

以 α 和 β 分别表示纯物质的两种相态，则在等温、等压、非体积功为零的条件下达到两相平衡时，有

$$G_m^{\alpha}(T, p) = G_m^{\beta}(T, p)$$

若系统的温度改变 $\mathrm{d}T$、压力改变 $\mathrm{d}p$，当系统在新的条件下重新达到相平衡时 α 相和 β 相的吉布斯函数改变值分别为 $\mathrm{d}G_m^{\alpha}$ 和 $\mathrm{d}G_m^{\beta}$，有

$$G_m^{\alpha} + \mathrm{d}G_m^{\alpha} = G_m^{\beta} + \mathrm{d}G_m^{\beta}$$

由于 $G_m^{\alpha} = G_m^{\beta}$，故

$$\mathrm{d}G_m^{\alpha} = \mathrm{d}G_m^{\beta}$$

将热力学基本方程 $\mathrm{d}G = -S\mathrm{d}T + V\mathrm{d}p$ 代入上式，可得

$$-S_m^{\alpha}\mathrm{d}T + V_m^{\alpha}\mathrm{d}p = -S_m^{\beta}\mathrm{d}T + V_m^{\beta}\mathrm{d}p$$

移项整理，可得

$$\frac{\mathrm{d}p}{\mathrm{d}T} = \frac{(S_m^{\beta} - S_m^{\alpha})}{(V_m^{\beta} - V_m^{\alpha})} = \frac{\Delta_{\alpha}^{\beta}S_m}{\Delta_{\alpha}^{\beta}V_m}$$

或表示为

$$\frac{\mathrm{d}p}{\mathrm{d}T} = \frac{\Delta_{\alpha}^{\beta}H_m}{T\Delta_{\alpha}^{\beta}V_m} \tag{3-4}$$

式 (3-4) 称为**克拉佩龙方程**，它表示纯物质两相平衡时温度与压力变化的函数关系。该方程适用于任何纯物质的任意两相平衡，如蒸发、熔化、升华和晶型转变等。

【例 3-2】已知 0℃时冰的摩尔熔化焓为 $6008\mathrm{J} \cdot \mathrm{mol}^{-1}$，冰的摩尔体积为 $19.652\mathrm{cm}^3 \cdot \mathrm{mol}^{-1}$，液态水的摩尔体积为 $18.018\mathrm{cm}^3 \cdot \mathrm{mol}^{-1}$，试求冰点与外界压力的关系。

解：由克拉佩龙方程可知

$$\frac{\mathrm{d}p}{\mathrm{d}T} = \frac{\Delta_s^l H_m}{T\Delta_s^l V_m} = \frac{\Delta_s^l H_m}{T[V_m(l) - V_m(s)]} = \frac{6008}{273.15 \times (18.018 \times 10^{-6} - 19.652 \times 10^{-6})}$$

$$= -1.346 \times 10^7 (\mathrm{Pa} \cdot \mathrm{K}^{-1})$$

可见欲使水的冰点降低 1℃，需增大压力 13.46MPa。

2. 克劳修斯-克拉佩龙方程

对于有气体参与的两相平衡，固体和液体的体积与气体相比可忽略不计，克拉佩龙方程可进一步简化。以液体的蒸发过程为例，若假定蒸气是理想气体，则有

$$\frac{\mathrm{d}p}{\mathrm{d}T}=\frac{\Delta_{\mathrm{vap}}H_{\mathrm{m}}}{T\left[V_{\mathrm{m}}(\mathrm{g})-V_{\mathrm{m}}(\mathrm{l})\right]}\approx\frac{\Delta_{\mathrm{vap}}H_{\mathrm{m}}}{TV_{\mathrm{m}}(\mathrm{g})}=\frac{\Delta_{\mathrm{vap}}H_{\mathrm{m}}}{T\times\dfrac{RT}{p}}$$

移项整理，可得

$$\frac{\mathrm{d}p}{p}=\frac{\Delta_{\mathrm{vap}}H_{\mathrm{m}}}{R}\times\frac{\mathrm{d}T}{T^2} \quad \text{或} \quad \frac{\mathrm{d}\ln p}{\mathrm{d}T}=\frac{\Delta_{\mathrm{vap}}H_{\mathrm{m}}}{RT^2} \tag{3-5}$$

式（3-5）称为**克劳修斯-克拉佩龙方程**，式中 $\Delta_{\mathrm{vap}}H_{\mathrm{m}}$ 为液体的摩尔蒸发焓。当温度变化范围不大时，$\Delta_{\mathrm{vap}}H_{\mathrm{m}}$ 可近似看作常数。对式（3-5）进行定积分可得

$$\ln\frac{p_2}{p_1}=-\frac{\Delta_{\mathrm{vap}}H_{\mathrm{m}}}{R}\left(\frac{1}{T_2}-\frac{1}{T_1}\right) \tag{3-6a}$$

$$\lg\frac{p_2}{p_1}=-\frac{\Delta_{\mathrm{vap}}H_{\mathrm{m}}}{2.303R}\left(\frac{1}{T_2}-\frac{1}{T_1}\right) \tag{3-6b}$$

除液体的蒸发过程外，克劳修斯-克拉佩龙方程还适用于纯物质的气体凝结、固体升华和气体凝华过程。

【例 3-3】 已知液态水在 100℃下的饱和蒸气压为 101.325kPa，此条件下水蒸发变为水蒸气的摩尔蒸发焓为 40.67kJ·mol^{-1}。试求：①液态水在 90℃下的饱和蒸气压；②在海拔 4500m 的青藏高原，外界大气压仅为 57.3kPa，当地水的沸点为多少？

解：①由题意知当 $T_1=373.15\mathrm{K}$ 时，$p_1=101325\mathrm{Pa}$。将 $T_2=363.15\mathrm{K}$ 代入克劳修斯-克拉佩龙方程可得

$$\ln\frac{p_2}{101325}=-\frac{40.67\times10^3}{8.314}\times\left(\frac{1}{363.15}-\frac{1}{373.15}\right)$$

解得 $p_2=70622\mathrm{Pa}=70.622\mathrm{kPa}$。

② 由题意知当 $T_1=373.15\mathrm{K}$ 时，$p_1=101325\mathrm{Pa}$。将 $p_2=57300\mathrm{Pa}$ 代入克劳修斯-克拉佩龙方程可得

$$\ln\frac{57300}{101325}=-\frac{40.67\times10^3}{8.314}\times\left(\frac{1}{T_2}-\frac{1}{373.15}\right)$$

解得 $T_2=357.6\mathrm{K}$。

当液体的摩尔蒸发焓无法得知时，也可用经验规则进行估算。对于不发生电离和缔合现象的非极性液体而言，液体的摩尔蒸发焓与其正常沸点之比近似为一常数，即：

$$\frac{\Delta_{\mathrm{vap}}H_{\mathrm{m}}}{T_{\mathrm{b}}^*}\approx88\mathrm{J}\cdot\mathrm{mol}^{-1}\cdot\mathrm{K}^{-1} \tag{3-7}$$

式（3-7）称为**特鲁顿（Trouton）规则**，式中 T_{b}^* 为纯液体的正常沸点。

【提升篇】

对于多相系统，相与相之间的相互转化与系统的温度 T、压力 p 及组成 x_B 有关，根据实验数据描述系统相变化规律的几何图形称为**相图**，由相图可以直观看出多相系统中各组分的聚集状态与它们所处的条件。在实际生产过程中，相图具有直接指导生产的作用。

一、单组分系统的相图

1. 单组分系统的相律

单组分系统是指由纯物质组成的系统。若系统中没有发生化学反应，则 $C=S=1$，根据相律可知：

$$f=C-\phi+2=1-\phi+2=3-\phi$$

① 当 $\phi=1$ 时，$f=2$，表示单组分单相系统为双变量系统。温度 T 和压力 p 是两个独立变量，可以在一定范围内同时任意选定。在 p-T 图上可以用面来表示这类系统。

② 当 $\phi=2$ 时，$f=1$，表示单组分两相平衡系统为单变量系统。温度 T 和压力 p 这两个变量中只有一个是独立的。即温度一定时，系统只有一个确定的平衡压力，反之亦然。换言之，平衡压力与平衡温度之间有一定的依赖关系。因此在 p-T 图上可以用线来表示这类系统。

③ 当 $\phi=3$ 时，$f=0$，表示单组分三相平衡系统为无变量系统。温度 T 和压力 p 这两个量的数值都是一定的，不能改变。在 p-T 图上可用点来表示这类系统。

由于系统的自由度 $f \geqslant 0$，所以单组分系统最多只有三相平衡共存。

2. 水的相图

由相律可知，单组分系统最多有两个可以独立改变的强度变量，所以单组分系统的相平衡关系通常用 p-T 相图来描述。下面以水的相图为例来介绍单组分系统的相图，如图 3-3 所示：通常条件下，水的相图由三个区、三条线和一个点构成。表 3-1 为水的相平衡数据。

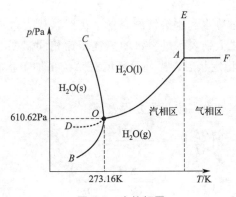

图 3-3　水的相图

超临界状态下的水

表 3-1　水的相平衡数据

温度 t/℃	系统的饱和蒸气压 p/kPa		平衡压力 p/kPa
	$H_2O(l) \rightleftharpoons H_2O(g)$	$H_2O(s) \rightleftharpoons H_2O(g)$	$H_2O(s) \rightleftharpoons H_2O(l)$
-20	0.126	0.103	193.5×10^3
-10	0.287	0.260	110.4×10^3
0.01	0.61062	0.61062	0.61062
20	2.338	—	—
60	19.916	—	—
99.65	100.000	—	—
200	1554.4	—	—
300	8590.3	—	—
374.2	22119.247	—	—

（1）单相区

在水蒸气、水、冰三个区域内，系统都是单相，即 $\phi=1$，$f=2$。当系统处于单相区域时，我们可以有限度地独立改变 T 和 p，而不会造成旧相消失或新相产生。换言之，只有同时指定了 T 和 p 这两个数值，系统的状态才能完全确定。

（2）两相平衡线

在 OA、OB、OC 三条线上，系统处于两相平衡共存，即 $\phi=2$，$f=1$。这类系统的 T 和 p 中只有一个是能独立改变的。换言之，系统在指定的温度下，必然具有确定的平衡压力，不能随意改变，否则将会引起某一相的消失；反之亦然。

OA 线为水和水蒸气的平衡共存曲线，也称为水的蒸发曲线。曲线上的任一点表示水和水蒸气平衡共存时的温度和压力，由图可知水的饱和蒸气压随温度升高而增大。OA 线不能无限延长，终止于水的临界点 A（647.4K，2.2×10^7Pa）。在临界点处液态水和水蒸气的密度相等，汽液两相界面消失。若从 A 点向上对 x 轴作垂线 AE，再从 A 点向右对 y 轴作垂线 AF，则 EAF 区为超临界流体区。此时 AO 和 OB 曲线以下所包围的区域叫做汽相区；而在临界温度 T_c 以右的区域则叫做气相区，因为气相区所处的区域高于临界温度，所以不可能用加压的方法使气相液化。

OB 线为冰和水蒸气的平衡共存曲线，也称为冰的升华曲线。OB 线在理论上可延长到 0K 附近。

OC 线为冰和水的平衡共存曲线，也称为冰的熔化曲线。OC 线不能无限延长，大约从 2.03×10^8kPa 开始，相图变得比较复杂，其原因是在高压条件下有不同结构的冰生成。

OD 线为 AO 线的延长线，是过冷水和水蒸气的介稳平衡线，代表过冷水的饱和蒸气压与温度的关系。OD 线位于 OB 线之上，表示过冷水的蒸气压比相同温度下处于稳定状态的冰的蒸气压大，因此过冷水处于不稳定状态。当外界环境对系统稍加干扰时，OD 线就极易回到 OB 线上。

OA、OB、OC 三条曲线的斜率可由克拉佩龙方程表示：

$$OA \text{ 线}\left(\frac{\mathrm{d}p}{\mathrm{d}T}\right)_{\mathrm{vap}}=\frac{\Delta H_{\mathrm{vap}}}{T(V_g-V_l)}$$

$$OB \text{ 线}\left(\frac{\mathrm{d}p}{\mathrm{d}T}\right)_{\mathrm{sub}}=\frac{\Delta H_{\mathrm{sub}}}{T(V_g-V_s)}$$

$$OC \text{ 线}\left(\frac{\mathrm{d}p}{\mathrm{d}T}\right)_{\mathrm{fus}}=\frac{\Delta H_{\mathrm{fus}}}{T(V_l-V_s)}$$

由于 $\Delta H_{\mathrm{sub}}>\Delta H_{\mathrm{vap}}$，因此 OB 线的斜率大于 OA 线；此外 $\Delta H_{\mathrm{fus}}>0$，但 $V_l-V_s<0$，故而 OC 线的斜率为负，即增大压力冰的熔点降低。

（3）三相平衡点

在 OA、OB、OC 三条曲线的交点处，水、水蒸气和冰三相平衡共存，即 $\phi=3$，$f=0$。因此 O 点称为三相平衡点，该点的 T 和 p 由系统的自身性质所决定，不能任意改变。水的三相点温度为 273.16K，压力为 610.62Pa。

需要强调的是，不要把水的三相点与冰点混淆。水的冰点是指在 101.325kPa 时纯冰与被空气所饱和的液态水（此时不是单组分系统）呈平衡状态下的温度，即 0℃；而三相点的温度则是纯水、水蒸气和冰三相共存时的温度，即 0.01℃。1967 年第十三届国际计量大会把热力学温度的单位"1K"定义为水的三相点温度的 1/273.16。

二、双组分系统的相图——液态完全互溶系统

若双组分系统中没有发生化学反应，则 $C=S=2$，根据相律可知：

$$f=C-\phi+2=2-\phi+2=4-\phi$$

由于系统中至少存在一个相，所以自由度 $f\leqslant 3$，即系统的状态最多可以由三个独立的强度变量来确定，这三个变量通常是温度 T、压力 p 和组成（x_B 或 y_B）。因此要完整地描述双组分系统的相平衡关系，必须用三维立体图形来表示。为了研究方便，通常是在恒定温度下研究 p、$x_B(y_B)$ 之间的关系，其图形称为压力-组成图；或者在恒定压力下研究 T、$x_B(y_B)$ 之间的关系，其图形称为温度-组成图。

1. 理想液态混合物的相图

设组分 A 和 B 可形成理想液态混合物，根据拉乌尔定律有：

$$p_A=p_A^* x_A \qquad p_B=p_B^* x_B$$

在一定温度下，液面上方的饱和蒸气压为

$$p=p_A+p_B=p_A^* x_A+p_B^* x_B=p_A^*(1-x_B)+p_B^* x_B=p_A^*+(p_B^*-p_A^*)x_B \qquad (3-8)$$

利用式(3-8)可以画出双组分理想液态混合物压力-组成图中的液相线，显然液相线为一直线，该直线的斜率为 $p_B^*-p_A^*$，截距为 p_A^*。

以 y_A、y_B 分别表示气相中组分 A 和 B 的摩尔分数，若将蒸气看作理想气体，由道尔顿分压定律可知：

$$y_A=\frac{p_A}{p}=\frac{p_A^* x_A}{p} \qquad y_B=\frac{p_B}{p}=\frac{p_B^* x_B}{p}$$

结合 $p=p_A^*+(p_B^*-p_A^*)x_B$ 可得

$$y_B=\frac{p_B}{p}=\frac{p_B^* x_B}{p}=\frac{p_B^* x_B}{p_A^*+(p_B^*-p_A^*)x_B} \qquad (3-9)$$

利用式(3-9)则可以画出双组分理想液态混合物压力-组成图中的气相线，显然气相线为一曲线。

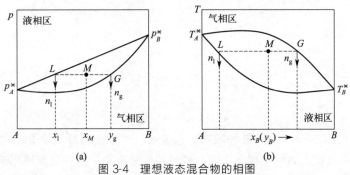

图 3-4　理想液态混合物的相图

(a) p-$x_B(y_B)$ 图；(b) T-$x_B(y_B)$ 图

如图 3-4(a) 所示，在理想液态混合物的 p-$x_B(y_B)$ 相图中：液面上方蒸气总压力 p 随液相组成 x_B 变化的曲线为液相线，在液相线以上的区域内系统完全以液态形式存在；液面蒸气总压力 p 随气相组成 y_B 变化的曲线为气相线，在气相线以下的区域内系统完全以蒸气

形式存在。当系统处于液相区或气相区时，由相律可知 $f=C-\phi+1=2-1+1=2$，这表明单相区内系统的压力 p 和组成（x_B 或 y_B）在一定范围内可以独立改变，而不会导致旧相消失或新相产生。当系统处于由液相线和气相线所包围的汽液两相平衡区时，由相律可知 $f=C-\phi+1=2-2+1=1$，这表明当两相区的压力不变时，液相组成 x_B 与气相组成 y_B 均有确定的数值；若系统压力发生改变，气、液两相的组成也会随之改变。

工业生产中的一些分离操作（如蒸馏、精馏等）通常是在固定压力下进行的，因此讨论恒定压力下的温度-组成图更具有实践意义。当外界压力为 101.325kPa 时，理想液态混合物的气-液平衡温度就是系统的正常沸点，此时的温度-组成图也称为沸点-组成图。如图 3-4（b）所示，在理想液态混合物的 T-$x_B(y_B)$ 相图中：左下方的曲线表示混合物的沸点与液相组成的关系，称为液相线；液相线以下的区域称为液相区。右上方的曲线表示混合物的沸点与气相组成的关系，称为气相线。气相线以上的区域称为气相区。同理，液相线与气相线之间的梭形区域即为气液两相平衡区。在实际生产中，若将一定组成的液态混合物恒压升温至液相线时，液相开始起泡沸腾，此时对应的温度称为该混合液体的泡点，因此液相线也叫做泡点线；反之，若将一定组成的蒸气恒压降温至气相线，则气相开始凝结出露珠状的液滴，此时对应的温度称为该混合蒸气的露点，因此气相线也叫做露点线。

与 p-$x_B(y_B)$ 图相比，T-$x_B(y_B)$ 图中不存在直线，这说明 T-$f(x，y)$ 关系不如 p-$f(x，y)$ 关系那样简单。此外，T-$f(x，y)$ 图中气相线总是位于液相线上方，这表明理想液态混合物中蒸气压越高的组分其沸点越低，这一规律在真实液态混合物中依然存在。

通常将相图中表示系统总组成状态的点称为**系统点**，表示各相组成和状态的点称为相点。若系统点位于单相区内，则系统点与相点重合，此时系统总组成即为该相的组成（x_B 或 y_B）。若系统点位于两相区内（如 M 点），则系统点与相点不重合，其原因是当挥发性不同的两种液体形成的理想液态混合物处于两相平衡的状态时，气、液两相的组成并不相同——即易挥发组分在气相中的含量高，而难挥发组分在液相中的含量高，这一规律称为**科诺华洛夫（Kohobatob）第一定律**。若过 M 点作平行于横坐标的水平线分别与液相线和气相线交于 L、G 两点，则相点 L 给出了该系统的液相组成 x_B，而相点 G 给出了该系统的气相组成 y_B。显然，当系统点 M 位于气液两相平衡区时，系统中组分 B 的总物质的量等于该组分在气、液两相中物质的量之和，即

$$n_B=n_g y_B+n_1 x_B=(n_g+n_1)x_{M,B}$$

整理上式，可得

$$\frac{n_g}{n_1}=\frac{x_{M,B}-x_B}{y_B-x_{M,B}}=\frac{\overline{LM}}{\overline{MG}} \tag{3-10a}$$

或

$$n_1\times\overline{LM}=n_g\times MG \tag{3-10b}$$

式(3-10a) 和式(3-10b) 称为**杠杆规则**，它表明：当系统组成以摩尔分数表示时，气、液两相的物质的量与系统点到两个相点之间的线段长度呈反比。杠杆规则适用于任意两相平衡。

【例 3-4】已知在 90℃ 下，甲苯（A）和苯（B）的饱和蒸气压分别为 54.22kPa 和 136.12kPa，两者可形成理想液态混合物。试问：①在 90℃ 和 101.325kPa 下，甲苯和苯所形成的气-液平衡系统中两相的摩尔分数各是多少？②若由 4mol 甲苯和 6mol 苯构成以上条件下的气-液平衡系统，则两相的物质的量各是多少？

解：①由题意知 $p_A^* = 54.22\text{kPa}$，$p_B^* = 136.12\text{kPa}$，$p = 101.325\text{kPa}$

根据拉乌尔定律

$$p = p_A^* + (p_B^* - p_A^*)x_B$$

可得液相组成为

$$x_B = \frac{p - p_A^*}{p_B^* - p_A^*} = \frac{101.325 - 54.22}{136.12 - 54.22} = 0.5752$$

根据道尔顿分压定律

可得气相组成为

$$y_B = \frac{p_B}{p} = \frac{p_B^* x_B}{p} = \frac{136.12 \times 0.5752}{101.325} = 0.7727$$

② 系统的总组成为

$$x_{M,B} = \frac{n_B}{n_A + n_B} = \frac{6}{6 + 4} = 0.6$$

系统的总物质的量为

$$n = n_A + n_B = n_1 + n_g = 10\text{mol}$$

即

$$n_g = 10 - n_1$$

根据杠杆规则

$$\frac{n_g}{n_1} = \frac{x_{M,B} - x_B}{y_B - x_{M,B}} = \frac{0.6 - 0.5752}{0.7727 - 0.6} = 0.1436$$

解得

$$n_1 = 8.744\text{mol}$$

$$n_g = 10 - n_1 = 10 - 8.744 = 1.256(\text{mol})$$

2. 真实液态混合物的相图

在实际生产中，可以看作是理想液态混合物的系统极其罕见；换言之，绝大多数双组分液态完全互溶系统是非理想的，称为真实液态混合物。它们二者之间的区别在于：在一定温度下，理想液态混合物中的任一组分在全部组成范围内（$0 \leqslant x_B \leqslant 1$）始终遵循拉乌尔定律，因此液面上方的蒸气总压与液相组成呈直线关系；而真实液态混合物中除了组分 B 在液相组成 x_B 接近于 1 的极小范围内该组分的蒸气分压 p_B 近似遵循拉乌尔定律外，其余液相组成下组分 B 所对应的 p_B 均对拉乌尔定律产生明显的偏差，故而液面上方的蒸气总压与液相组成并不是直线关系。

大量气-液平衡实验数据表明，双组分真实液态混合物的 $p\text{-}x_B(y_B)$ 相图和 $T\text{-}x_B(y_B)$ 相图可根据产生偏差的类型分为以下四种常见形式：

（1）一般正偏差

当液面上方的蒸气总压 p 大于拉乌尔定律的计算值，介于两个纯组分的饱和蒸气压 p_A^* 与 p_B^* 之间，这类系统称为具有一般正偏差的系统，例如由苯-丙酮、苯-四氯化碳、环己烷-四氯化碳等组成的液态混合物。如图 3-5 所示，液相线（实线）表示蒸气总压 p 与液相组成 x_B

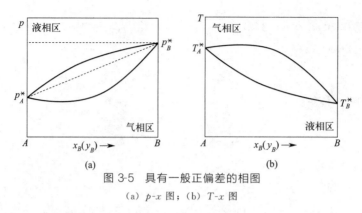

图 3-5　具有一般正偏差的相图

(a) p-x 图；(b) T-x 图

之间的实验值关系，而虚线则表示蒸气总压 p 与液相组成 x_B 符合拉乌尔定律计算值的情况。

（2）最大正偏差

在真实液态混合物的某个组成范围内，当液面上方的蒸气总压 p 大于易挥发组分的饱和蒸气压时，就会在 p-$x_B(y_B)$ 相图中出现最高点，这类系统称为具有最大正偏差的系统，例如由甲醇-氯仿、苯-乙醇、水-乙醇等组成的液态混合物。如图 3-6 所示，具有最大正偏差的系统在其对应的 T-$x_B(y_B)$ 相图中出现最低点，该点称为最低恒沸点。显然，当混合物处于最低恒沸点时，在一定的外界压力下（如 101.325kPa）沸腾时所产生的气相组成 y_B 与液相组成 x_B 相同，即混合物的恒沸组成 $y_B = x_B$，这一规律称为**科诺华洛夫第二定律**。

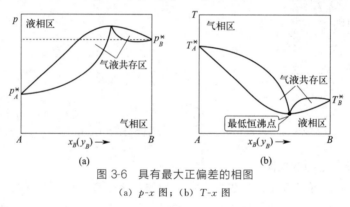

图 3-6　具有最大正偏差的相图

（a）p-x 图；（b）T-x 图

（3）一般负偏差

当液面上方的蒸气总压 p 小于拉乌尔定律的计算值，介于两个纯组分的饱和蒸气压 p_A^* 与 p_B^* 之间，这类系统称为具有一般负偏差的系统，例如由氯仿-乙醚组成的液态混合物。如图 3-7 所示，液相线（实线）表示蒸气总压 p 与液相组成 x_B 之间的实验值关系，而虚线则表示蒸气总压 p 与液相组成 x_B 符合拉乌尔定律计算值的情况。

（4）最大负偏差

在真实液态混合物的某个组成范围内，当液面上方的蒸气总压 p 小于难挥发组分的饱和蒸气压时，就会在 p-$x_B(y_B)$ 相图中出现最低点，这类系统称为具有最大负偏差的系统，例如由氯仿-丙酮、水-硝酸、水-乙酸等组成的液态混合物。如图 3-8 所示，具有最大负偏差的系统在其对应的 T-$x_B(y_B)$ 相图中出现最高点，该点称为最高恒沸点。显然，当混合物处于最高恒沸点时，在一定的外界压力下（如 101.325kPa）沸腾时所产生的气相组成 y_B 与液相组成 x_B 相同，即混合物的恒沸组成 $y_B = x_B$。

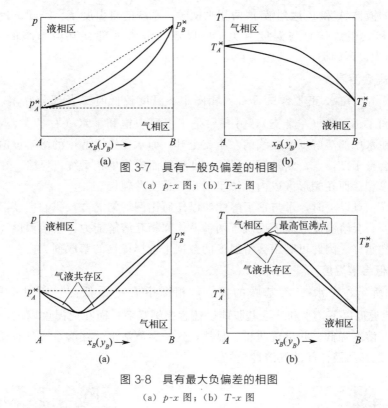

图 3-7　具有一般负偏差的相图
（a）p-x 图；（b）T-x 图

图 3-8　具有最大负偏差的相图
（a）p-x 图；（b）T-x 图

实验表明，恒沸混合物的组成取决于外界压力：压力一定，恒沸混合物的组成一定；压力改变，恒沸混合物的组成也会相应发生改变，甚至有可能导致恒沸点的消失。因此对于具有恒沸点的液态混合物而言，无法通过精馏工艺同时获得两个纯组分，而只能将其分离成一个纯组分和一个恒沸混合物。

综上所述，当真实液态混合物液面上方的蒸气总压大于拉乌尔定律的计算值，则系统具有正偏差；反之，当真实液态混合物液面上方的蒸气总压小于拉乌尔定律的计算值，则系统具有负偏差。从微观角度解释，产生偏差的原因主要包括以下几个方面：混合后分子间作用力改变而引起的挥发性改变：当同类分子间引力大于异类分子间引力时，混合物的分子间作用力降低，挥发性增强，产生正偏差；反之则产生负偏差。混合后分子间发生缔合或解离现象而引起的挥发性改变：当混合后分子间的缔合度减少或离解度增加，液面上方的蒸气总压就会增大，产生正偏差；反之则产生负偏差。

三、双组分系统的相图——液态部分互溶系统

两种纯液体间的相互溶解性与它们的性质有关。当两种纯液体的性质相差较大时，在某些温度下两组分的互溶度很小；只有当其中一种组分的浓度很小时，两种液体才能形成均匀的一相。这样的系统称为双组分液态部分互溶系统。例如在室温条件下，先将少量苯酚加入水中，苯酚可完全溶解；继续加大苯酚的量，系统就会出现两个液层：上层是苯酚在水中的饱和溶液（简称水层），下层是水在苯酚中的饱和溶液（简称苯酚层）。这两个平衡共存的液层称为**共轭溶液**。

对于凝聚系统而言，共轭溶液的组成受压力影响可忽略不计。由相律可知，在一定压力

下，部分互溶的液体 A 和 B 达到液-液两相平衡时，系统的自由度 $f=2-2+1=1$，可见部分互溶的两液相其组成均只与温度有关。所以双组分液液部分互溶系统的温度-组成图（T-x_B）主要分为以下四类：

1. 具有最高会溶温度

如图 3-9 所示，在水-正丁醇的 T-x_B 相图中，温度较低时二者部分互溶，分为两层：一层是水中饱和了正丁醇（左半支），另一层是正丁醇中饱和了水（右半支）。如果温度升高，则正丁醇在水中的溶解度沿曲线的左半支上升，而水在正丁醇中的溶解度沿曲线的右半支上升，最后会聚于 T_B 点，此时两液层的浓度相等而成为单相系统。显然，在图中的帽形区以外系统呈单相；而在帽形区以内系统呈两相，称为共轭层。

当温度在 T_B 点以上时，水与正丁醇能够以任何比例均匀混合，我们把 T_B 点对应的温度称为会溶温度。会溶温度的高低反映了两种液体间相互溶解能力；会溶温度 T_B 越低，两液体间的互溶性越好。因此可利用会溶温度的数据来选择优良的萃取剂。

2. 具有最低会溶温度

如图 3-10 所示，在水-三乙基胺的 T-x_B 相图中有一最低点，所对应的温度约为 291.15K。在此温度以下，水和三乙基胺能以任意比例互溶；而在此温度以上，温度增加反而使两液体的互溶度降低，并出现两相。显然，这一类液液部分互溶系统具有最低会溶温度 T_B，即温度越低，两液体间的互溶性越好。

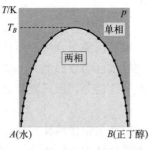

图 3-9　水-正丁醇的溶解度图

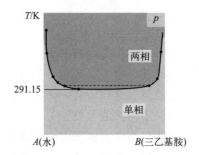

图 3-10　水-三乙基胺的溶解度图

3. 同时具有最高、最低会溶温度

如图 3-11 所示，在水-烟碱的 T-x_B 相图中有一个完全封闭式的溶解度曲线：该曲线最低点的温度约为 334K，最高点的温度约为 483K。表示这一类系统在高温或低温条件下两液体能够以任意比例混溶成单一液相，而在某一温度范围内两液体部分互溶分层。显然，这一类液液部分互溶系统同时具有最高会溶温度和最低会溶温度。

4. 不具有会溶温度

当两种液体在它们存在的温度范围内，不论以何种比例混合，始终是彼此部分互溶的。我们把这一类系统称为不具有会溶温度的液液部分互溶系统（图 3-12）。

四、双组分系统的相图——液态完全不互溶系统

当两种纯液体的性质相差极大时，它们之间的相互溶解度非常小，甚至测量不出来，这样的系统称为双组分液态完全不互溶系统。例如苯和水、汞和水、二硫化碳和水、氯苯和水等均属于此类系统。

两种完全不互溶的液体 A、B 共存时，系统中各组分基本上互不影响，各组分的蒸气压与单独存在时一样（只是温度的函数），而与另一组分是否存在、数量多少无关。因此温度一定时，系统的总蒸气压为两个纯组分各自的蒸气压之和，即

$$p_{总} = p_A^* + p_B^*$$

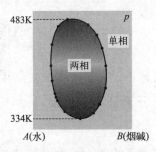

图 3-11　水-烟碱的溶解度图

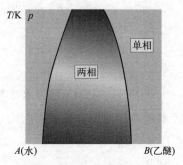

图 3-12　水-乙醚的溶解度图

由此可见，在一定温度下，完全不互溶的两种液体其液面上方的蒸气总压始终大于任一纯组分的蒸气压。若某一温度下 $p_{总}$ 与外界大气压相等，则两液体同时沸腾，该温度被称为**共沸点**。显然在相等外压下，共沸点恒低于两个纯液体各自的沸点。如图 3-13 所示，在 101.325kPa 外压下，水的沸点为 100℃，氯苯的沸点为 130℃，水和氯苯的共沸点则为 91℃。

如图 3-14 所示，双组分液态完全不互溶系统的温度-组成图（T-x_B）中已注明四个区域的相平衡关系。由相律可知，在一定压力下，液体 A、液体 B 及液面上方的饱和蒸气成三相平衡时，系统的自由度 $f = 2-3+1 = 0$，显然共沸点为一定值。

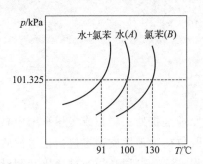

图 3-13　水-氯苯混合系统的蒸气压随温度变化曲线

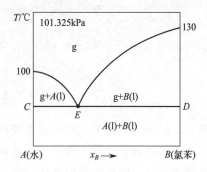

图 3-14　完全不互溶系统的温度-组成图

利用混合物的共沸点特点，可以把不溶于水的高沸点有机物与水一起蒸馏，使混合物在低于 100℃ 下沸腾，以保证高沸点的有机物不致因温度过高而分解，从而达到提纯的目的。馏出液经冷凝后可分层为水相和有机相，除去水层即可分离出纯度较高的有机层，这种方法称为**水蒸气蒸馏**，常用于提纯沸点高、热稳定性差的液态有机化合物。

水蒸气蒸馏的效率可用水蒸气消耗系数来衡量。设蒸馏出有机物 B 的质量为 m_B，需要消耗水蒸气的质量为 m_{H_2O}，由道尔顿分压定律可知

$$p_{H_2O}^* = p_{总} \times y_{H_2O} = p_{总} \times \frac{n_{H_2O}}{n_{H_2O} + n_B}$$

$$p_B^* = p_{总} \times y_B = p_{总} \times \frac{n_B}{n_{H_2O} + n_B}$$

以上两式相比，可得

$$\frac{p_{H_2O}^*}{p_B^*} = \frac{n_{H_2O}}{n_B} = \frac{m_{H_2O}/M_{H_2O}}{m_B/M_B} = \frac{M_B m_{H_2O}}{M_{H_2O} m_B}$$

整理上式，可得

$$\frac{m_{H_2O}}{m_B} = \frac{p_{H_2O}^* M_{H_2O}}{p_B^* M_B} \quad (3\text{-}11)$$

水蒸气蒸馏法提
取植物精油

式（3-11）中 m_{H_2O}/m_B 称为**水蒸气消耗系数**。该系数越小，表示水蒸气蒸馏的效率越高。显然，有机物 B 的蒸气压 p_B^* 越高，分子量 M_B 越大，水蒸气消耗系数越小。

【例 3-5】 在 101.325kPa 外压下对氯苯进行水蒸气蒸馏，已知水和氯苯混合物的共沸点为 364.15K，此温度下水和氯苯的饱和蒸气压分别为 72852.68Pa 和 28472.31Pa。试求：①平衡气相组成；②蒸馏出 1000kg 氯苯至少需要消耗水蒸气的质量。

解：①设氯苯为 B，则

$$y_B = \frac{p_B^*}{p_{总}} = \frac{28472.31}{101.325 \times 10^3} = 0.281$$

$$y_{H_2O} = 1 - y_B = 1 - 0.281 = 0.719$$

② 水蒸气消耗系数为

$$\frac{m_{H_2O}}{m_B} = \frac{p_{H_2O}^* M_{H_2O}}{p_B^* m_B} = \frac{72852.68 \times 18}{28472.31 \times 112.5} = 0.409$$

$$m_{H_2O} = 0.409 \times 1000 = 409 (kg)$$

【扩展篇】

混合物的分离是化工生产中的重要操作之一，其原理是将处于均相或多相系统中具有不同性质的物质彼此分开的一种过程，这种不同的性质既包括物理性质，也包括化学性质。从热力学角度而言，分离是一个从无序到有序的变化过程，这一过程必须通过物质和能量的再分配得以实现。换言之，在分离操作中必须依靠环境对系统做功来推动这一 $\Delta S < 0$ 变化的进行。下面我们简单介绍两种在化工领域中常见的新型分离技术。

一、分子蒸馏技术

分子蒸馏是伴随着真空技术兴起的一种特殊的液-液分离技术，其原理是利用不同物质分子之间产生的运动平均自由程差异实现液体混合物的分离。如图 3-15 所示，当液体混合物沿加热器表面自上而下流动时，部分受热后能量足够大的分子就会从液面逸出进入气相。由于轻分子的平均自由程大，重分子的平均自由程小，若在离液面小于轻分子自由程而大于重分子自由程的位置设置一个冷凝板，则气相中的轻分子到达冷凝板后被冷凝排出，而重分子则无法到达冷凝板沿混合液排出，这样就实现了液体混合物中轻、重物质的彼此分离。

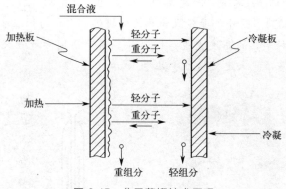

图 3-15　分子蒸馏技术原理

分子蒸馏技术作为一种与国际同步的高新分离手段，具有传统蒸馏工艺无法比拟的优点：①操作温度低（远低于沸点）、真空度高（空载≤1Pa）、受热时间短（几秒至几十秒之间），特别适宜于高沸点、热敏性、易氧化物质的分离；②分离程度高，常用于分离蒸气压相近的液体混合物；③可有效脱除低分子物质（脱臭）和重分子物质（脱色）；④工艺环保清洁，广泛应用于食品、药品混合料液的分离提纯。

二、液膜分离技术

液膜分离的原理是通过模拟生物膜的结构和选择透过性，以外界能量或化学势差为推动力，对多组分系统的溶质和溶剂进行富集浓缩，从而达到分离提纯的目的。采用液膜分离工艺时涉及三种液体：通常将含有待分离组分的料液称为外相（或连续相），接受被分离组分的液体称为内相，处于两者之间的成膜液体称为膜相。在常规的分离过程中，待分离组分从外相进入膜相，再转入内相后富集；若有特殊要求，也可将料液作为内相，接受液作为外相，此时待分离组分的传递方向相反。液膜分离作为一种有效的工业分离工艺，具有以下优点：①分离过程不发生相变化；②在常温条件下操作，尤其适用于热敏性物质；③以压力为分离推动力，在闭合回路运转，对物料的氧化作用极小。

近 30 年来液膜分离技术受到世界各国的高度重视，这一技术的发展为许多行业高质高效地解决了许多分离、浓缩和纯化的相关难题，同时也为清洁生产和循环经济提供了强有力的依托技术。

素质阅读

胸怀祖国，追求真理

温度是热力学的基本参数之一。1927 年国际度量衡委员会曾将水的冰点（273.15K）选定作为热力学温标的基准点，水的冰点是指 101.325kPa 下被空气所饱和的水（多组分系统）的液-固平衡温度，但冰点的测量与大气压等外界因素有关，因此科学界对这一数值的正确性和精度提出了怀疑。当时物理化学领域已经试图开始测定水的三相点，即纯水（单组分系统）在其自身饱和蒸气压下的气-液-固平衡温度。

1934年我国物理化学的奠基人之一黄子卿教授赴美国麻省理工学院随热力学名家Beattie从事热力学温标的实验研究，测得了当时最精确的水的三相点温度（0.00980℃±0.00005℃）。这个测量结果为热力学提供了重要的标准数据，推动了热学计量工作的开展，受到了科学界的高度重视。1954年，第十届国际计量大会正式决定将水的三相点作为一个固定的基准点来定义热力学温标。

黄于卿

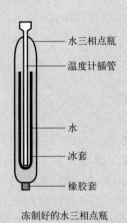

水三相点瓶
温度计插管
水
冰套
橡胶套

冻制好的水三相点瓶

【课后习题】

（一）判断题

（1）相是指系统处于平衡状态时，系统中物理性质与化学性质都均匀的部分。（　　）

（2）只要两组分的饱和蒸气压不同，就可以利用简单蒸馏的方式将它们彻底分离。（　　）

（3）将金粉和银粉混合加热至熔融，再冷却至固态就成为一相。（　　）

（4）在一个密闭的容器中装满373.15K的水，完全不留任何空隙，此时水的饱和蒸气压等于零。（　　）

（5）纯水在三相点和冰点时都是三相共存，依据相律这两点的自由度都为零。（　　）

（二）填空题

（1）在450℃下，对于$n(N_2):n(H_2)=1:3$的N_2和H_2混合物，建立如下平衡：$N_2(g)+3H_2(g)\rightleftharpoons 2NH_3(g)$，则系统的独立组分数$C$为_____，自由度$f$为_____。

（2）挥发性不同的两种液体形成的理想液态混合物达到气-液平衡时，易挥发组分在气相中的相对含量_____它在液相中的相对含量。（>、=或<）

（3）双组分系统能平衡共存的最多相数为_____。

（4）水的冰点温度是_____，三相点温度是_____。

（5）在密闭容器中，NaCl的饱和水溶液与其水蒸气呈平衡并且存在着从溶液中析出的细小的NaCl晶体，则该系统的相数ϕ为_____，独立组分数C为_____，自由度f为_____。

（6）空气的相数 ϕ 为＿＿＿＿，医用酒精的相数 ϕ 为＿＿＿＿，合金的相数 ϕ 为＿＿＿＿。

（三）选择题

（1）将 $AlCl_3$ 溶于水中形成不饱和溶液，若不考虑盐的水解，则系统的独立组分数为（ ）。

A. 1   B. 2   C. 3   D. 4

（2）当系统处于相图中的（ ）时只存在一个相。

A. 恒沸点   B. 熔点   C. 临界点   D. 共沸点

（3）外压升高时，单组分系统的沸点将（ ）。

A. 升高   B. 降低   C. 不变   D. 无法确定

（4）下列关于恒沸混合物的描述不正确的是（ ）。

A. 与化合物一样，有确定的组成   B. 其沸点随外压的改变而改变

C. 恒沸混合物的组成随压力改变而改变   D. 平衡时气相与液相组成相同

（5）在 101.325kPa 下，采用水蒸气蒸馏法提纯某种不溶于水且沸点比水高的有机物时，系统的沸点（ ）。

A. 一定低于 100.0℃   B. 取决于有机物的摩尔质量

C. 一定高于 100.0℃   D. 取决于水与有机物的相对质量

（四）简答题

（1）水的三相点与冰点有何不同之处？

（2）能否用市售的 60°烈性酒经反复蒸馏而得到无水乙醇？为什么？

（3）为什么恒沸混合物不是化合物？

（五）计算题

（1）在真空容器中装入纯的 $NH_4HCO_3(s)$，按照下列方程式发生分解反应 $NH_4HCO_3(s) \rightleftharpoons NH_3(g) + H_2O(g) + CO_2(g)$，当反应达到化学平衡时系统的独立组分数和自由度分别是多少？

（2）已知 100.0℃、101.325kPa 下水的蒸发热为 $40.5kJ \cdot mol^{-1}$，若使用高压锅对医疗器械进行消毒时，锅内饱和蒸汽的压力为 $1.5 \times 10^5 Pa$，则锅内的温度可达到多少？

（3）为了将含有非挥发性杂质的甲苯（B）提纯，可在 86.0kPa 下采用水蒸气蒸馏法。已知此压力下系统的共沸点为 80.0℃，该温度下水（A）的饱和蒸气压为 47.3kPa。试求：①气相组成；②蒸馏出 100kg 甲苯需要消耗水蒸气的质量。

（4）已知废水中的酚可采用溶剂油进行萃取回收，酚在水与溶剂油中的分配系数 K 为 0.415，若 100L 废水中含有 0.800g 酚，当萃取过程中溶剂油与废水的体积比为 0.8：1 时，试求一次萃取后废水剩余酚的质量。

模块四　化学平衡

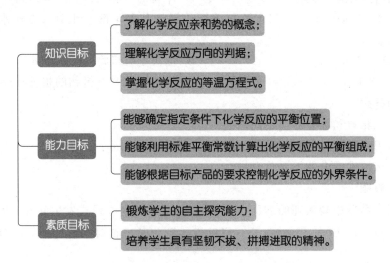

学习要求

化学平衡是指在一定条件下，化学反应的正、逆反应速率相等，整个系统中各物质的浓度不再随时间而变化的动态平衡。没有达到平衡的化学反应，在一定条件下均有达到平衡的趋势，这种趋势的存在来源于一定的推动力。当这个推动力逐渐减小到零时，反应达到最大限度，即达到化学平衡状态。化学平衡是热力学的研究对象之一，应用热力学的基本原理和规律，不但可以根据给定条件来确定反应进行的方向及所能达到的最高限度，而且可以判断对平衡状态发生影响的条件，并可对平衡状态中各个反应物进行定量计算。

从化学工业的角度来看，解决以上问题具有重要的实际意义。例如在新反应的研究中，可以从理论上预知反应能够发生的条件、获得产物的最大量，由此可节约大量实验性研究的人力和物力。在化工产品的生产工艺设计时，可从理论上计算出物料配比、反应温度和压力等反应条件对产物产量的影响，并以此为依据来优化操作条件，从而选择合适的生产设备。

【基础篇】

一、化学反应的平衡条件

对于任一封闭系统，当系统中发生微小变化时，有

$$dG = -SdT + Vdp + \sum \mu_B dn_B$$

在等温、等压、非体积功为零的条件下，有

$$dG = \sum \mu_B dn_B$$

对发生化学反应的系统，引入反应进度 $d\xi = dn_B / \nu_B$ 的概念，则

$$dG = \sum \nu_B \mu_B d\xi \tag{4-1}$$

于是

$$\left(\frac{\partial G}{\partial \xi}\right)_{T,p} = \sum \nu_B \mu_B = \Delta_r G_m \tag{4-2}$$

式(4-2)中，$\Delta_r G_m$ 称为化学反应的**摩尔吉布斯函数变化值**。如果以 G 为纵坐标，ξ 为横坐标，如图 4-1 所示。

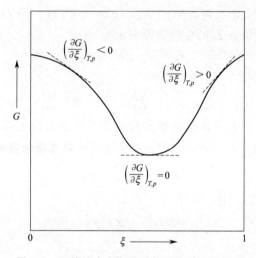

图 4-1 系统的吉布斯函数与反应进度的关系

若偏微商为负值，则

$$\left(\frac{\partial G}{\partial \xi}\right)_{T,p} < 0 \quad 即 \quad \Delta_r G_m < 0 \quad 或 \quad \sum \nu_B \mu_B < 0$$

表示反应物的化学势总和大于产物的化学势总和，反应能够向右自发进行。

反之，若偏微商为正值，则

$$\left(\frac{\partial G}{\partial \xi}\right)_{T,p} > 0 \quad 即 \quad \Delta_r G_m > 0 \quad 或 \quad \sum \nu_B \mu_B > 0$$

表示反应物的化学势总和小于产物的化学势总和，反应不可能向右自发进行。

若偏微商等于零，则

$$\left(\frac{\partial G}{\partial \xi}\right)_{T,p} = 0 \quad 即 \quad \Delta_r G_m = 0 \quad 或 \quad \sum \nu_B \mu_B = 0$$

表示反应物的化学势总和等于产物的化学势总和，对应于曲线的最低点，表明反应达到平衡。

综上所述，在恒温、恒压、非体积功为零的条件下，封闭系统的化学反应总是由吉布斯函数较高的状态，向吉布斯函数较低的状态变化，直到系统的吉布斯函数降到最低点为止。而从化学势的角度来看，化学反应则总是由化学势高的状态向化学势低的状态变化，直至反

应物与生成物的化学势相等。

1922 年，比利时热力学专家德唐德（De Donder）首先定义了化学反应亲和势的概念：

$$A = -\Delta_r G_m = -\left(\frac{\partial G}{\partial \xi}\right)_{T,p} = -\sum \nu_B \mu_B \tag{4-3}$$

化学反应亲和势 A 表示的含义就是在恒温、恒压、非体积功为零时化学反应进行的内在推动力。当使用化学反应亲和势来判断反应进行的方向时，有

① $A > 0$，表示反应正向自发进行；

② $A = 0$，表示反应达到动态平衡；

③ $A < 0$，表示反应逆向自发进行。

二、化学反应的等温方程式

对于理想气体参与的化学反应 $a A(g) + c C(g) \Longrightarrow y Y(g) + z Z(g)$，在等温、等压条件下，参加化学反应的任一组分 B 的化学势可表示为：

$$\mu_B = \mu_B^\ominus + RT \ln p_B$$

代入式（4-2）可得

$$\Delta_r G_m = \sum \nu_B \mu_B = \sum \nu_B \mu_B^\ominus + RT \sum \nu_B \ln p_B \tag{4-4}$$

式（4-4）中，$\sum \nu_B \mu_B^\ominus$ 表示各反应组分均处于标准态时发生单位反应进度后系统的吉布斯函数变化值，通常用 $\Delta_r G_m^\ominus$ 表示，称为化学反应的**标准摩尔吉布斯函数变化值**

$$\Delta_r G_m^\ominus = \sum \nu_B \mu_B^\ominus \tag{4-5}$$

将式（4-5）代入式（4-4）中，可得

$$\Delta_r G_m = \Delta_r G_m^\ominus + RT \sum \nu_B \ln p_B \tag{4-6a}$$

或写成以下形式

$$\Delta_r G_m = \Delta_r G_m^\ominus + RT \ln \prod_B p_B^{\nu_B} \tag{4-6b}$$

式（4-6a）和式（4-6b）称为化学反应的等温方程式。

若令

$$Q_p = \prod_B p_B^{\nu_B} = \frac{\left(\dfrac{p_Y}{p^\ominus}\right)^y \left(\dfrac{p_Z}{p^\ominus}\right)^z}{\left(\dfrac{p_A}{p^\ominus}\right)^a \left(\dfrac{p_C}{p^\ominus}\right)^c} \tag{4-7a}$$

式（4-7a）中，Q_p 为化学反应在任意时刻的**相对压力商**，量纲为 1。

对于非理想气体混合物，则应将压力 p 换作逸度 f，可得化学反应在任意时刻的**相对逸度商 Q_f** 为：

$$Q_f = \prod_B f_B^{\nu_B} = \frac{\left(\dfrac{f_Y}{p^\ominus}\right)^y \left(\dfrac{f_Z}{p^\ominus}\right)^z}{\left(\dfrac{f_A}{p^\ominus}\right)^a \left(\dfrac{f_C}{p^\ominus}\right)^c} \tag{4-7b}$$

对于理想液态混合物或理想稀溶液参与的化学反应 $a A(aq) + c C(aq) \Longrightarrow y Y(aq) + z Z(aq)$，可得化学反应在任意时刻的**相对浓度商 Q_c** 为：

$$Q_c = \prod_B c_B^{\nu_B} = \frac{\left(\dfrac{c_Y}{c^{\ominus}}\right)^y \left(\dfrac{c_Z}{c^{\ominus}}\right)^z}{\left(\dfrac{c_A}{c^{\ominus}}\right)^a \left(\dfrac{c_C}{c^{\ominus}}\right)^c} \tag{4-7c}$$

对于非理想液态混合物或非理想稀溶液，则应将浓度 c 换作活度 a，可得化学反应在任意时刻的**相对活度商 Q_a** 为：

$$Q_a = \prod_B a_B^{\nu_B} = \frac{a_Y^y a_Z^z}{a_A^a a_C^c} \tag{4-7d}$$

化学反应的等温方程式对化学反应方向的判断在生产中有着广泛的应用。例如在一定温度下，可以通过改变反应商 Q 来提高产率。在甲烷转化反应 $CH_4(g) + H_2O(g) \longrightarrow CO(g) + 3H_2(g)$ 中，为了节约原料气 $CH_4(g)$，可以采用加入过量水蒸气的方式以减小 Q 使反应向右移动，来提高甲烷的转化率。或者随时从系统中将 $CO(g)$ 或 $H_2(g)$ 移除，也可减小 Q，从而提高甲烷的转化率。

三、化学反应的标准平衡常数

对于任一化学反应 $aA + cC \rightleftharpoons yY + zZ$，随着反应的进行，系统的吉布斯函数不断减小，当达到平衡时，有：

$$\Delta_r G_m = \Delta_r G_m^{\ominus} + RT\ln Q = 0$$

即

$$\Delta_r G_m^{\ominus} = -RT\ln Q^{eq} \tag{4-8}$$

上式中，Q^{eq} 为化学反应在任一时刻的平衡反应商。因为在恒定温度 T 下，对确定的化学反应来说 $\Delta_r G_m^{\ominus}$ 是确定的值，所以平衡反应商 Q^{eq} 也是定值，与系统的压力和组成无关。

通常将平衡反应商 Q^{eq} 定义为系统的标准平衡常数，用符号 $K^{\ominus}$ 表示。故式(4-8)也可表示为：

$$\Delta_r G_m^{\ominus} = -RT\ln K^{\ominus} \tag{4-9}$$

换言之，化学反应的等温方程式也可写为

$$\Delta_r G_m = -RT\ln K^{\ominus} + RT\ln Q = RT\ln\frac{Q}{K^{\ominus}} \tag{4-10}$$

由式（4-10）可见：

① 当 $Q < K^{\ominus}$ 时，$\Delta_r G_m < 0$，表示反应正向自发进行；

② 当 $Q = K^{\ominus}$ 时，$\Delta_r G_m = 0$，表示反应达到动态平衡；

③ 当 $Q > K^{\ominus}$ 时，$\Delta_r G_m > 0$，表示反应逆向自发进行。

综上所述，也可以通过比较 Q 和 $K^{\ominus}$ 的相对大小来判断化学反应进行的方向和限度。

【**例 4-1**】在合成甲醇中有一个水蒸气变换反应，即把 H_2 变换成原料气 CO，反应式如下：$H_2(g) + CO_2(g) \rightleftharpoons CO(g) + H_2O(g)$。现有 H_2、CO_2、CO 和 H_2O 的混合气体，分压分别是 $20.265kPa$、$20.265kPa$、$50.665kPa$ 和 $10.133kPa$。问：①在 $820C$ 时该反应能否发生？②如果把 CO_2 的分压提高到 $40.530kPa$，而把 CO 的分压降低到 $30.398kPa$，其余条件不变，情况又怎样？已知 $820℃$ 时反应的标准平衡常数 $K^{\ominus} = 1$。

解：①设气体为理想气体，则

$$Q_p = \frac{\left(\dfrac{p_{CO}}{p^{\ominus}}\right) \times \left(\dfrac{p_{H_2O}}{p^{\ominus}}\right)}{\left(\dfrac{p_{H_2}}{p^{\ominus}}\right) \times \left(\dfrac{p_{CO_2}}{p^{\ominus}}\right)} = \frac{\left(\dfrac{50.665}{100}\right) \times \left(\dfrac{10.133}{100}\right)}{\left(\dfrac{20.265}{100}\right) \times \left(\dfrac{20.265}{100}\right)} = 1.25 > K^{\ominus}$$

此时反应不能自发向右进行。

② 当改变气体分压后，有

$$Q_p = \frac{\left(\dfrac{p_{CO}}{p^{\ominus}}\right) \times \left(\dfrac{p_{H_2O}}{p^{\ominus}}\right)}{\left(\dfrac{p_{H_2}}{p^{\ominus}}\right) \times \left(\dfrac{p_{CO_2}}{p^{\ominus}}\right)} = \frac{\left(\dfrac{30.398}{100}\right) \times \left(\dfrac{10.133}{100}\right)}{\left(\dfrac{20.265}{100}\right) \times \left(\dfrac{40.530}{100}\right)} = 0.375 < K^{\ominus}$$

此时反应能够自发向右进行。

【例 4-2】298.15K 时，化学反应 $1/2 N_2(g) + 3/2 H_2(g) \rightleftharpoons NH_3(g)$ 的 $\Delta_r G_m^{\ominus} = -16.467$ kJ·mol^{-1}，系统的总压力为 101.325kPa，混合气体中各组分的摩尔比为 $n(N_2) : n(H_2) : n(NH_3) = 1 : 3 : 2$，试求：①反应系统的相对压力商 Q_p；②反应系统的摩尔吉布斯函数变化值 $\Delta_r G_m$；③298.15K 下反应的标准平衡常数 $K^{\ominus}$；④判断反应自发进行的方向。

解：①设气体为理想气体，则反应系统的相对压力商为

$$Q_p = \frac{\left(\dfrac{p_{NH_3}}{p^{\ominus}}\right)}{\left(\dfrac{p_{N_2}}{p^{\ominus}}\right)^{\frac{1}{2}} \times \left(\dfrac{p_{H_2}}{p^{\ominus}}\right)^{\frac{3}{2}}} = \frac{\left(\dfrac{\frac{2}{6}p}{p^{\ominus}}\right)}{\left(\dfrac{\frac{1}{6}p}{p^{\ominus}}\right)^{\frac{1}{2}} \times \left(\dfrac{\frac{3}{6}p}{p^{\ominus}}\right)^{\frac{3}{2}}} = 2.279$$

② 反应系统的摩尔吉布斯函数变化值为

$$\Delta_r G_m = \Delta_r G_m^{\ominus} + RT\ln Q_p = (-16.467 \times 10^3) + 8.314 \times 298.15 \times \ln 2.279$$
$$= -14425 (J \cdot mol^{-1})$$

③ 反应的标准平衡常数为

$$K^{\ominus} = e^{-\frac{\Delta_r G_m^{\ominus}}{RT}} = e^{-\frac{(-16.467 \times 10^3)}{8.314 \times 298.15}} = 767.5$$

④ 由于 $Q_p < K^{\ominus}$，所以反应能够自发向右进行。

化学平衡的热力学理论开辟了应用热力学数据计算标准平衡常数的途径，这不仅可以节省大量实验资金和时间，更重要的是能够避免实验测定引进的误差，从而大大提高了标准平衡常数的准确度。同时，对于那些难以通过实验测定的标准平衡常数，也可以依据理论计算获得其数据。

【提升篇】

一、平衡组成的计算

在一定温度下，若已知反应系统的起始组成，则可利用 $K^{\ominus}$ 或 $\Delta_r G_m^{\ominus}$ 计算出该温度下

化学反应的平衡组成。根据反应系统达到平衡时的组成情况，进而可以得到此条件下反应物的平衡转化率或产物的理论产率。通过将实际产率与理论产率进行比较，就能够发现生产条件和生产工艺上存在的问题，这就是计算化学反应平衡组成的实际应用意义。

$$平衡转化率 = \frac{某反应物的消耗量}{该反应物的起始量} \times 100\%$$

$$理论产率 = \frac{转化为指定产物的某反应物的消耗量}{该反应物的起始量} \times 100\%$$

若化学反应过程中没有副反应发生，则目标产物的理论产率与反应物的平衡转化率相等；但对于大多数反应而言，往往伴随有副反应的发生，因此目标产物的理论产率通常小于反应物的平衡转化率。

【例 4-3】 已知当温度为 400K 时，反应 $C_2H_4(g) + H_2O(g) \rightleftharpoons C_2H_5OH(g)$ 的标准平衡常数 $K^\ominus$ 为 0.1。若反应原料由 1mol C_2H_4 和 1mol H_2O 组成，试计算：① 当压力为 $10p^\ominus$ 时 C_2H_4 的平衡转化率；② 平衡系统中各物质的摩尔分数。

解： ① 设 C_2H_4 的平衡转化率为 α，若将气体看作理想气体，则

$$C_2H_4(g) + H_2O(g) \rightleftharpoons C_2H_5OH(g)$$

起始状态 $n_{B,0}$/mol   1   1   0

平衡状态 $n_{B,eq}$/mol $1-\alpha$ $1-\alpha$ α

$$\sum_B n_{B,eq} = (1-\alpha) + (1-\alpha) + \alpha = 2-\alpha$$

$$K^\ominus = \frac{\left(\dfrac{\alpha}{2-\alpha}\right) \times \left(\dfrac{p}{p^\ominus}\right)}{\left(\dfrac{1-\alpha}{2-\alpha}\right)^2 \times \left(\dfrac{p}{p^\ominus}\right)^2} = \frac{\left(\dfrac{\alpha}{2-\alpha}\right) \times \left(\dfrac{10p^\ominus}{p^\ominus}\right)}{\left(\dfrac{1-\alpha}{2-\alpha}\right)^2 \times \left(\dfrac{10p^\ominus}{p^\ominus}\right)^2} = 0.1$$

解得

$$\alpha = 0.293$$

② 达到平衡时，反应系统中总物质的量为

$$\sum_B n_{B,eq} = 2 - \alpha = 2 - 0.293 = 1.707(mol)$$

平衡系统中各物质的摩尔分数为

$$y_{C_2H_4} = y_{H_2O} = \frac{1-\alpha}{2-\alpha} = \frac{1-0.293}{2-0.293} = 0.414$$

$$y_{C_2H_5OH} = \frac{\alpha}{2-\alpha} = \frac{0.293}{1.707} = 0.172$$

二、影响化学平衡的因素

1888 年，法国化学家吕·查德里（Le Chatelier）针对外界因素对化学平衡的影响总结出一条规律，称为**吕·查德里原理**：在一个已经达到化学平衡的反应中，如果改变影响平衡的条件之一，则平衡将朝着能够减弱这种改变的方向移动。需要注意的是，吕·查德里原理只能对化学平衡作定性描述，而运用热力学原理则可以进行定量计算。

1. 温度对化学平衡的影响

所有的平衡常数都是与温度有关的函数，因此同一化学反应在不同温度下进行时，所能达到的最大限度是不一样的。通常由标准热力学函数 $\Delta_f H_m^\ominus$、$S_m^\ominus$ 和 $\Delta_f G_m^\ominus$ 直接求得的 $\Delta_r G_m^\ominus$ 是 25℃下的数值，再由 $\Delta_r G_m^\ominus = -RT\ln K^\ominus$ 求得的 $K^\ominus$ 也是 25℃下的数值。但是在实际生产中，化学反应不可能都是在 25℃下进行的。有时为了提高化学反应的速率，反应需要在较高温度下进行；有时为了保护某个基团，反应也可能需要在较低温度下进行。因此，若想求出其他温度下的标准平衡常数 $K^\ominus$，就有必要研究温度与平衡常数之间的关系。

若参加化学反应的物质均处于标准态，则由吉布斯-亥姆霍兹方程可知

$$\frac{d\left(\dfrac{\Delta_r G_m^\ominus}{T}\right)}{dT} = -\frac{\Delta_r H_m^\ominus}{T^2}$$

将 $\Delta_r G_m^\ominus = -RT\ln K^\ominus$ 代入上式，可得

$$\frac{d\ln K^\ominus}{dT} = \frac{\Delta_r H_m^\ominus}{RT^2} \tag{4-11}$$

式（4-11）称为**范特霍夫方程**，该方程表明温度 T 对标准平衡常数 $K^\ominus$ 的影响与化学反应的标准摩尔反应焓 $\Delta_r H_m^\ominus$ 有关。

由范特霍夫方程可以看出：当 $\Delta_r H_m^\ominus > 0$，即反应吸热时，温度升高则 $K^\ominus$ 增大，已达平衡的化学反应将向生成产物的方向移动；反之，当 $\Delta_r H_m^\ominus < 0$，即反应放热时，温度升高则 $K^\ominus$ 减小，已达平衡的化学反应将向生成反应物的方向移动。

对式（4-11）进行定积分，可得

$$\int_{K_1^\ominus}^{K_2^\ominus} d\ln K^\ominus = \int_{T_1}^{T_2} \frac{\Delta_r H_m^\ominus}{RT^2} dT$$

$$\ln \frac{K_2^\ominus}{K_1^\ominus} = -\frac{\Delta_r H_m^\ominus}{R}\left(\frac{1}{T_2} - \frac{1}{T_1}\right) \tag{4-12}$$

当反应温度的变化范围不大时，$\Delta_r H_m^\ominus$ 可近似看作定值。

【例 4-4】 试求化学反应 $CO_2(g) + 4H_2(g) \rightleftharpoons CH_4(g) + 2H_2O(g)$ 在 800K 下的标准平衡常数（假定 $\Delta_r H_m^\ominus$ 不随温度而改变），已知：

物质	$CO_2(g)$	$H_2(g)$	$CH_4(g)$	$H_2O(g)$
$\Delta_f H_m^\ominus$(298.15K)/kJ·mol^{-1}	−393.51	0	−74.85	−241.83
$\Delta_f G_m^\ominus$(298.15K)/kJ·mol^{-1}	−394.38	0	−50.83	−228.58

解：在 298.15K 下，该反应的标准摩尔反应焓为

$$\Delta_r H_m^\ominus = \sum_B \nu_B \Delta_f H_{m,B}^\ominus = (-74.85) + 2\times(-241.83) - (-393.51) - 0 =$$

$$-165.00(\text{kJ} \cdot \text{mol}^{-1})$$

在 298.15K 下，该反应的标准摩尔吉布斯函数变化值为

$$\Delta_r G_m^\ominus = \sum_B \nu_B \Delta_f G_{m,B}^\ominus = (-50.83) + 2\times(-228.58) - (-394.38) - 0 =$$

$$-113.61(\text{kJ} \cdot \text{mol}^{-1})$$

$$K^{\ominus} = e^{-\frac{\Delta_r G_m^{\ominus}}{RT}} = e^{-\frac{(-113.61 \times 10^3)}{8.314 \times 298.15}} = 8.03 \times 10^{19}$$

因为反应温度变化范围不大时，$\Delta_r H_m^{\ominus}$ 可近似看作定值，由式（4-12）可得

$$\ln K^{\ominus}(800K) - \ln K^{\ominus}(298.15K) = -\frac{\Delta_r H_m^{\ominus}}{R}\left(\frac{1}{800} - \frac{1}{298.15}\right)$$

解得

$$K^{\ominus}(800K) = 58.9$$

2. 压力对化学平衡的影响

压力的变化对固相或液相反应的平衡几乎没有什么影响，因为总压力的变化对固体或液体浓度的影响不大。对于有气体参加的化学反应，总压力变化直接影响气体物质的分压力，因此平衡浓度有可能发生变化，平衡也要发生相应的移动。

对于理想气体间的化学反应，$a A(g) + c C(g) \Longleftrightarrow y Y(g) + z Z(g)$，在一定温度下达到化学平衡时，其标准平衡常数为

$$K^{\ominus} = \frac{(p_Y/p^{\ominus})^y (p_Z/p^{\ominus})^z}{(p_A/p^{\ominus})^a (p_C/p^{\ominus})^c}$$

若在此系统中保持温度不变，将系统的体积从原体积 V 压缩至 $(1/x) \times V(x > 1)$，则系统的总压力增大为原来的 x 倍，相应各组分的分压也都增大至原来的 x 倍，则此时相对压力商为

$$Q_p = \frac{\left(\frac{xp_Y}{p^{\ominus}}\right)^y \times \left(\frac{xp_Z}{p^{\ominus}}\right)^z}{\left(\frac{xp_A}{p^{\ominus}}\right)^a \times \left(\frac{xp_C}{p^{\ominus}}\right)^c} = x^{(y+z)-(a+c)} \times K^{\ominus} = x^{\Delta n} \times K^{\ominus}$$

① 当 $\Delta n > 0$，即生成物气体分子数大于反应物气体分子数时，$Q_p > K^{\ominus}$，平衡向左移动（平衡向气体分子总数减少的方向移动）；

② 当 $\Delta n < 0$，即生成物气体分子数小于反应物气体分子数时，$Q_p < K^{\ominus}$，平衡向右移动（平衡向气体分子总数减少的方向移动）；

③ 当 $\Delta n = 0$，即反应前后气体分子数目不变时，$Q_p = K^{\ominus}$，平衡不发生移动。

综上所述，增大反应系统的总压力，化学平衡总是朝着气体分子数减少的方向移动。

【例 4-5】 乙苯脱氢制备苯乙烯的反应：$C_6H_5C_2H_5(g) \Longleftrightarrow C_6H_5C_2H_3(g) + H_2(g)$，已知在 600℃时该反应的标准平衡常数 $K^{\ominus}$ 为 0.178，试计算该温度下压力分别为 100kPa 和 10kPa 时乙苯的分解率 α 分别是多少？

解： 假设反应系统中所有的气体均看作理想气体，则

$$C_6H_5C_2H_5(g) \Longleftrightarrow C_6H_5C_2H_3(g) + H_2(g)$$

起始状态 $n_{B,0}$/mol	1	0	0
平衡状态 $n_{B,eq}$/mol	$1-\alpha$	α	α

反应达到平衡状态时系统中总物质的量为

$$n_{总} = (1-\alpha) + \alpha + \alpha = 1 + \alpha$$

$$K^{\ominus} = \frac{\left(\dfrac{\alpha}{1+\alpha} \times \dfrac{p}{p^{\ominus}}\right)^2}{\dfrac{1-\alpha}{1+\alpha} \times \dfrac{p}{p^{\ominus}}} = 0.178$$

当 $p = 100\text{kPa}$ 时，解得乙苯的分解率 $\alpha = 0.389$；

当 $p = 10\text{kPa}$ 时，解得乙苯的分解率 $\alpha = 0.8$。

3. 惰性气体对化学平衡的影响

所谓**惰性气体**泛指在反应系统中不能与反应物或产物发生化学反应的气体。当温度一定时，对于已经达到平衡状态的气相化学反应而言，加入惰性气体并不会改变标准平衡常数，但却能影响反应系统的平衡组成。而从本质上来说，化学平衡的移动则是由气体浓度的变化导致的，因此只要参加化学反应的气体组分其分压力不变，原本的化学平衡就不会被破坏。例如，在恒温、恒容条件下向一个平衡系统中加入惰性气体时，虽然系统的总压力增大，但反应物和产物的分压力并未发生改变，此时平衡不发生移动。反之，当参加化学反应的气体组分其分压力改变时，反应系统的化学平衡将有可能发生移动，其移动规律符合吕·查德里原理。例如，在恒温、恒压条件下向一个平衡系统中加入惰性气体，系统的总体积必然增大，相当于系统中参加反应的各组分其分压力减小（其效果与降低系统的压力相同），此时平衡将朝着反应气体分子数目增多的方向移动。见图 4-2。

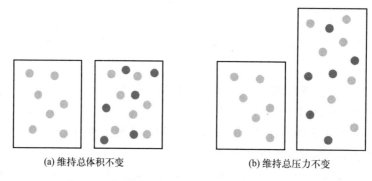

(a) 维持总体积不变   (b) 维持总压力不变

图 4-2 恒温条件下向平衡系统中加入惰性气体

在实际生产中，对于一些气体分子数目增加的有机化学反应，如乙苯脱氢制备苯乙烯的生产工艺 $C_6H_5C_2H_5(g) \rightleftharpoons C_6H_5C_2H_3(g) + H_2(g)$，若采用减压的方法让化学平衡向右移动，则设备一旦漏气，就会有空气进入反应系统发生爆炸的风险。因此，常采用的操作是向反应器中通入廉价的水蒸气，这样就会使得该反应朝着产物苯乙烯生成的方向移动，而在通风良好的情况下，即使有少量气体逸出，也不会造成危险。

4. 原料配比对化学平衡的影响

对于理想气体参与的化学反应 $a\,A(g) + c\,C(g) \rightleftharpoons y\,Y(g) + z\,Z(g)$，假设原料气中只有反应物而没有产物，原料配比 $r = c/a$，其变化范围为 $0 < \gamma < \infty$。那么进入反应器的原料配比应该是多少，才能使所得产品的浓度最大？下面以合成氨的反应 $N_2(g) + 3H_2(g) \rightleftharpoons 2NH_3(g)$ 为例进一步说明。

通过实际计算得出合成氨反应在 $500\,^\circ\mathrm{C}$、30.4MPa 下平衡混合物中 $NH_3(g)$ 的体积分数与原料配比的关系见表 4-1。由表中数据可以看出，$NH_3(g)$ 在混合气体中的平衡组成在 $\gamma =$

3 时达到极大值。因此在合成氨时总要把 H_2 与 N_2 的体积比控制在 3：1 左右，以使 NH_3 (g)的含量最高。

表 4-1　不同氢氮比时平衡混合气中氨的含量（500℃、 30.4MPa）

$\gamma = \dfrac{n(N_2)}{n(H_2)}$	1	2	3	4	5	6
$\varphi(NH_3)$	18.8%	25.0%	26.4%	25.8%	24.2%	22.2%

在工业生产上，若原料气中 A 气体比 B 气体便宜，而且 A 气体又容易从混合气体中分离，则为了充分利用气体 B，可以使 A 气体大大过量，以提高 B 的转化率。这样虽然在平衡混合物中产物的含量低了，但经过分离便得到更多的产物，可获得更高的经济效益。

【扩展篇】

一、同时化学平衡

当系统中有一种或几种物质同时参加两个或两个以上的反应，系统达到化学平衡则是指其中所有的化学反应均达到了平衡状态，这被称为同时化学平衡。在研究同时化学平衡的问题时，须先确定系统中有几个独立的化学反应。例如：

① $C(g) + CO_2(g) \Longrightarrow 2CO(g)$

② $CO(g) + 1/2 O_2(g) \Longrightarrow CO_2(g)$

③ $C(g) + 1/2 O_2(g) \Longrightarrow CO(g)$

显然，反应①+反应②＝反应③，故而以上三个反应中只有两个是独立化学反应。每一个独立反应都有一个反应进度，而且每一个独立反应都可以写出独立的标准平衡常数表达式，换言之未知数的个数与方程式的个数相等。因此若已知系统的起始组成，就能够计算出达到平衡时各个独立的反应进度，从而进一步得到平衡组成。但需要指出的是，对于任一反应组分，不论它同时参加几个化学反应，其分压只有一个数值。

【例 4-6】已知 600K 时由 CH_3Cl 和 H_2O 作用生成 CH_3OH，CH_3OH 可继续分解为 $(CH_3)_2O$，即系统中同时存在以下两个化学平衡：① $CH_3Cl + H_2O \Longrightarrow CH_3OH + HCl$，② $2CH_3OH \Longrightarrow (CH_3)_2O + H_2O$。若该温度下两个反应的标准平衡常数分别为 $K_1^{\ominus} = 0.00154$ 和 $K_2^{\ominus} = 10.16$，现 CH_3Cl 和 H_2O 以方程式中的比例系数开始反应，试求达到同时化学平衡时 CH_3Cl 的转化率。

解：设反应开始时 CH_3Cl 和 H_2O 的物质的量均为 1mol；达到同时化学平衡时生成 HCl 的转化分数为 x，生成 $(CH_3)_2O$ 的转化分数为 y，则

$$CH_3Cl + H_2O \Longrightarrow CH_3OH + HCl$$

平衡状态 $n_{B,eq}/mol$ 　　　　　$1-x$　　$1-x+y$　　$x-2y$　　x

$$K_1^{\ominus} = \frac{(x-2y)x}{(1-x)(1-x+y)} = 0.00154$$

$$2CH_3OH \Longrightarrow (CH_3)_2O + H_2O$$

平衡状态 $n_{B,eq}/mol$ $\qquad$ $x-2y$ $\qquad$ y $\qquad$ $1-x+y$

$$K_2^{\ominus}=\frac{y\times(1-x+y)}{x-2y}=10.16$$

解得 $\qquad x=0.048 \qquad y=0.009$

达到同时化学平衡时 CH_3Cl 的转化率 α 为

$$\alpha=\frac{x}{1}\times100\%=\frac{0.048}{1}\times100\%=4.8\%$$

二、反应的耦合

若系统中发生两个化学反应，前一个反应的产物是后一个反应的反应物之一，则这两个反应被称为**耦合反应**。例如，反应①$A+B\Longrightarrow C+D$ 和反应②$C+E\Longrightarrow F+H$ 就属于耦合反应，其中两个化学反应共同涉及的物质 C 称为**耦合物质**。在耦合反应中，某一反应可以影响另一个反应的平衡位置，甚至是原本无法单独发生的反应得以通过其他途径进行。

例如由丙烯与氨反应生成丙烯腈的反应，其 $\Delta_r G_m^{\ominus}(298.15K)=149.0kJ\cdot mol^{-1}$。

$$CH_2=CH-CH_3(g)+NH_3(g)\Longrightarrow CH_2=CH-CN(g)+3H_2(g)$$

但氢气与氧气生成水的反应，其 $\Delta_r G_m^{\ominus}(298.15K)=-685.7kJ\cdot mol^{-1}$。

$$3H_2(g)+\frac{3}{2}O_2(g)\Longrightarrow 3H_2O(g)$$

若将以上两个反应相加，即耦合成丙烯氨氧化制丙烯腈，其 $\Delta_r G_m^{\ominus}(298.15K)=-536.7kJ\cdot mol^{-1}$。

$$CH_2=CH-CH_3(g)+NH_3(g)+\frac{3}{2}O_2(g)\Longrightarrow CH_2=CH-CN(g)+3H_2O(g)$$

采用这种方法获得的丙烯腈产率很高，这也是目前化工生产中合成丙烯腈最经济的方法。

需要强调的是，我们不能任意找一个 $\Delta_r G_m^{\ominus}(298.15K)<0$ 的反应与 $\Delta_r G_m^{\ominus}(298.15K)>0$ 的反应相加便算作耦合。当两个化学反应可以耦合时，实际上已经形成了一个新的反应系统；至于这个新的系统能否最终生成目标产物，还需要结合动力学的相关研究，热力学只是从理论角度阐明了得到目标产物的可能性大小。

素质阅读

人定胜天建奇功，圆梦强国做贡献

碳元素广泛存在于茫茫苍穹的宇宙间，其多种多样的形态和独特奇异的物性随人类文明的进步而逐渐被发现、认识和利用。金刚石自古以来被视为富贵的象征，同时由于其坚硬、耐磨的极端性能，具有十分广阔的工业应用前景。18 世纪末，人们发现身价昂贵的金刚石竟然是石墨的一种同素异形体，从此合成人造金刚石就成为了许多科学家的梦想。

合成人造金刚石的具体方法多达十几种，目前能够产业化合成金刚石的方法主要有高温高压法和化学气相沉积法两种。从热力学的观点出发，决定石墨等非金刚石结构的碳质原料转变成金刚石的相变条件是后者的 Gibbs 自由能必须小于前者，这种相变化过程必须在高压、高温或者还有其他组分参与的条件下进行；但从动力学观点出发，还要求石墨等碳质原料转变成金刚石时具有适当的转变速率，在金刚石成核率和生长速率同时处于极大值时的相变速率最大。在 20 世纪 50 年代，这一核心技术只被以美国为首的少数几个国家所掌握，并对我国实行了严格的技术封锁。为了在世界超硬材料领域具有话语权，新中国一批年轻科技工作者用心血和汗水奋勇闯关、团结协作，终于在 1963 年 12 月 6 日合成出了我国第一颗人造金刚石。

现如今，虽然中国拥有全世界最贫瘠的钻石矿，但却占据了全球超过 50% 的钻石总产量。人造金刚石辉煌发展的五十年为我国的国民经济做出了不可磨灭的巨大贡献！

【课后习题】

（一）判断题

（1）标准平衡常数的数值不仅与化学反应方程式的写法有关，而且还与标准态的选择有关。（　　）

（2）因为 $\Delta_r G_m^{\ominus} = -RT\ln K^{\ominus}$，所以 $\Delta_r G_m^{\ominus}$ 表示标准态下化学反应达平衡时的 Gibbs 函数。（　　）

（3）在等温、等压条件下，$\Delta_r G_m^{\ominus} > 0$ 的反应一定不能进行。（　　）

（4）一个已达平衡的化学反应，只有当标准平衡常数改变时，平衡才会发生移动。（　　）

（5）理想气体反应系统在恒温、恒容的条件下加入惰性组分，平衡不移动。（　　）

（二）填空题

（1）理想气体反应的标准平衡常数用＿＿＿＿表示，而实际气体反应的标准平衡常数用＿＿＿＿表示，当＿＿＿＿时二者可近似相等。

（2）25℃下反应 $N_2O_4(g) \rightleftharpoons 2NO_2(g)$ 的标准平衡常数 $K^{\ominus}$ 为 0.1132，同一温度下系统中 $N_2O_4(g)$ 和 $NO_2(g)$ 的分压力均为 101.325kPa，则反应将向＿＿＿＿进行。

（3）若反应 $CH_4(g) + 2O_2(g) \rightleftharpoons CO_2(g) + 2H_2O(g)$ 的压力增大一倍，则反应平衡＿＿＿＿＿＿。

（4）恒温、恒压下反应 $A(g) \rightleftharpoons B(g) + C(g)$ 达到平衡状态后 A 的转化率为 α_1，加入惰性气体后再次达到平衡时 A 的转化率为 α_2，则 α_1＿＿＿＿α_2（大于、等于或小于）。

(5) 增大反应 $CO(g)+2H_2(g) \rightleftharpoons CH_3OH(g)$ 的压力，将使 $CO(g)$ 的平衡转化率_____。

（三）选择题

(1) 下列方法中一定能使理想气体反应的标准平衡常数改变的是 （　　）。

A. 增大某种产物的浓度　　　　　　　B. 加入惰性气体

C. 改变反应浓度　　　　　　　　　　D. 增大反应系统的压力

(2) 某反应 $A(s) \rightleftharpoons Y(g)+Z(g)$ 的 $\Delta_r G_m^\ominus$ 与温度的关系为 $\Delta_r G_m^\ominus = -45000+110T$，当各种物质均处于标准压力下，要防止该反应的发生，则反应温度必须 （　　）。

A. 高于 136℃　　　B. 低于 184℃　　　C. 高于 184℃　　　D. 低于 136℃

(3) 等温等压条件下，某反应的 $\Delta_r G_m^\ominus = 5kJ \cdot mol^{-1}$，则该反应 （　　）。

A. 能正向自发进行　　　　　　　　　B. 能逆向自发进行

C. 无法进行　　　　　　　　　　　　D. 无法判断反应方向

(4) 已知 $2NO(g)+O_2(g) \rightleftharpoons 2NO_2(g)$ 为放热反应。反应达平衡后，要使平衡向右移动以获得更多的 $NO_2(g)$，应当采取的措施是 （　　）。

A. 降温和减压　　　　　　　　　　　B. 降温和增压

C. 升温和减压　　　　　　　　　　　D. 升温和增压

(5) 在一定温度和压力下，能够用于判断化学反应方向的是 （　　）。

A. $\Delta_r G_m^\ominus$　　　　B. $\Delta_r G_m$　　　　C. $K^\ominus$　　　　D. $\Delta_r H_m$

(6) 在合成氨生产过程中 $N_2(g)+3H_2(g) \rightleftharpoons 2NH_3(g)$，为了提高产率，可采用不断将产物 $NH_3(g)$ 移走的方法，其主要目的是 （　　）。

A. 减小反应商，使化学平衡向右移动

B. 改变标准平衡常数，有利于合成 $NH_3(g)$

C. 调整 $N_2(g)$ 和 $H_2(g)$ 的比例，以提高 $NH_3(g)$ 的产率

D. 减少反应放热的热量累积，以降低温度

（四）简答题

(1) 化学反应达到平衡状态时的宏观特征和微观特征分别是什么？

(2) 应用化学反应等温方程式判断自发方向要指明哪些条件？

(3) 平衡常数改变时，化学平衡是否发生移动？化学平衡移动时，平衡常数是否发生改变？

（五）计算题

(1) 已知 $HI(g)$ 的分解反应为 $2HI(g) \rightleftharpoons H_2(g)+I_2(g)$，反应开始前系统中有 $1mol$ $HI(g)$，当达到化学平衡时有 24.4% 的 $HI(g)$ 发生了分解。现欲将 $HI(g)$ 的分解率降低至 10%，应当向反应系统中加入多少 $I_2(g)$？

(2) 已知 298.15K 和总压为 $100kPa$ 时有 18.5% 的 $N_2O_4(g)$ 分解为 $NO_2(g)$。试求：①298.15K 下分解反应 $N_2O_4(g) \rightleftharpoons 2NO_2(g)$ 的标准平衡常数；②50kPa 下 $N_2O_4(g)$ 的分解率；③平衡系统中 $N_2O_4(g)$ 和 $NO_2(g)$ 的分压。

模块五　电化学

学习要求

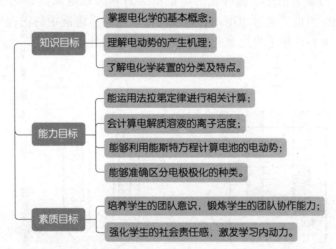

电化学是研究电能与化学能之间相互转化规律的科学。电化学的发展历史可以追溯到人类对电现象的认识：早在 1600 年英国物理学家吉尔伯特（William Gilbert）就观察到用毛皮擦过的琥珀具有吸引羽毛的能力；随后 1799 年意大利物理学家伏打（Alessandro Volta）发明了世界上第一个原电池；1807 年英国化学家戴维（Humphry Davy）采用电解法成功分离出金属钠和钾；1833 年英国物理学家法拉第（Michael Faraday）则通过大量实验归纳出著名的法拉第定律，为电化学的定量研究奠定了理论基础；1893 年，德国物理学家能斯特（W. H. Walther Hermann Nernst）根据热力学理论提出能斯特方程，为电化学平衡理论的发展做出了突出的贡献。如今电化学理论已经被广泛用于湿法冶金、电解精炼、氯碱工业、化学电源和金属腐蚀等行业，成为具有重要应用背景和前景的学科。

【基础篇】

一、电化学基础知识

1. 导体的分类

严格来说，所有物质都具有一定的导电能力，而导电能力较强的物质被称为**导体**。根据物质导电机理的不同，我们可以将导体分为两类：一类称为**电子导体**，另一类称为**离子导体**。在电化学中我们主要研究离子导体。见表 5-1。

表 5-1　导体的分类及特点

名称	导电机理	导电特点	举例
电子导体	依靠自由电子的定向流动而导电	不发生化学反应；导电能力随温度升高而减弱	金属、石墨、某些金属氧化物
离子导体	依靠阴、阳离子的定向迁移而导电	伴随着电极与溶液界面的化学反应；导电能力随温度升高而增强	电解质溶液、熔融电解质

2. 电化学装置的分类

电解质溶液的连续导电过程必须在电化学装置中实现，而且总是伴随着电化学反应以及化学能与电能之间的相互转换。能够实现电解质溶液导电的电化学装置包括原电池和电解池两大类（图 5-1）。习惯上把化学能转化为电能的装置称为**原电池**，而把电能转化为化学能的装置称为**电解池**。当电流通过原电池和电解池时，电解质溶液中的正、负离子在电场作用下进行定向迁移，并在电极上发生氧化还原反应，再通过外电路构成一个闭合回路。

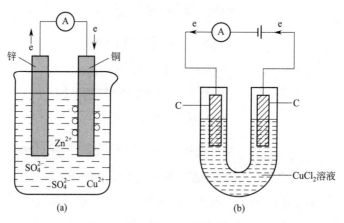

图 5-1　原电池 (a) 和电解池 (b)

电化学装置需要借助于电极来实现电能的输入或输出。通常电极是指与电解质溶液接触的导体，它是化学反应物质得失电子和发生氧化还原反应的场所。见表 5-2。

表 5-2　电极命名的对应关系

原电池		电解池	
正极（电势高）	阴极（还原电极）	正极（电势高）	阳极（氧化电极）
负极（电势低）	阳极（氧化电极）	负极（电势低）	阴极（还原电极）

3. 法拉第定律

1833 年，法拉第通过研究大量的电解实验，根据其结果归纳出电解产物的量与通入电量之间关系的规律，即著名的**法拉第定律**，它包含两方面的含义：①在电极上发生化学反应的物质，其物质的量与通过的电量成正比；②若将几个电解池串联，通入一定的电荷量后，在各电解池的任一电极上发生化学反应的物质的量相等。

在电化学中，常以含有单位元电荷（即一个电子的电荷绝对值）的物质作为物质的量的基本单元，如 H^+、$1/2Cu^{2+}$ 和 $1/3PO_4^{3-}$ 等。当 1mol 电子的电量通过电极时，电极上得失

电子的物质的量也是1mol。我们把1mol元电荷所具有的电量称为**法拉第常数**，用符号 F 表示，即

$$F = Le = (6.022 \times 10^{23} \, \text{mol}^{-1}) \times (1.6022 \times 10^{-19} \text{C}) = 96484.5 \text{C} \cdot \text{mol}^{-1} \approx 96500 \text{C} \cdot \text{mol}^{-1}$$

式中，L 为阿伏伽德罗（Avogadro）常数；e 是元电荷的电量。

如果在电解池中发生如下氧化还原反应：

$$M^{z+} + ze \Longrightarrow M(s)$$

式中 z 为电极反应的电荷数。若欲从该电解质溶液中沉积出金属 $M(s)$，当电极反应的反应进度为 ξ 时，则需要通入的电荷量为：

$$Q = zF\xi \tag{5-1a}$$

由式（5-1a）可知，若向电解池中通入任意电荷量 Q，则沉积出金属 $M(s)$ 的物质的量和质量分别为：

$$n = \frac{Q}{zF} \tag{5-1b}$$

$$m = \frac{Q}{zF}M \tag{5-1c}$$

式(5-1a)、式(5-1b) 和式(5-1c) 都是法拉第电解定律的数学表达式。

根据电学上的计量关系，若电流强度稳定，则通入电解池的电荷量为：

$$Q = It$$

根据法拉第定律，通过分析电解过程中反应物或生成物在电极上物质的量的变化，就可以求出通入电荷量的数值。通常是在电路中串联一个电解池，根据电解池在阴极上析出金属的量来计算通入的电荷量，这种装置叫做电量计或库仑计。

【例 5-1】 将两个银电极插入硝酸银溶液中，通入 0.20A 的电流 60min。试求阴极上析出银的质量。

解：通入的电量为

$$Q = It = 0.20 \times 60 \times 60 = 720 \text{(C)}$$

阴极上析出银的质量为

$$m = \frac{Q}{zF}M = \frac{720}{1 \times 96500} \times 107.88 = 0.8049 \text{(g)}$$

法拉第定律虽然是在研究电解作用时总结出来的，但实际上该定律无论是对电解池还是原电池都是适用的。法拉第定律不受电解质溶液的浓度、温度、压力、电极材料、溶剂性质等因素的影响，没有使用限制条件。实验越精确，所得结果与法拉第定律越符合，因此它是自然界中最准确的定律之一。

4. 离子的电迁移

电解质溶液中的离子在直流电场作用下发生的定向运动称为**离子的电迁移**，电迁移的存在是电解质溶液导电的必要条件。离子的迁移速率除了与离子的本性（如离子半径、所带电荷）、介质的性质（如黏度）以及温度等因素有关外，还与电场的电势梯度 $\mathrm{d}E/\mathrm{d}l$ 有关。当其他条件一定时，离子的运动速率与电势梯度成正比，即

$$v_+ = U_+ \frac{\mathrm{d}E}{\mathrm{d}l} \qquad v_- = U_- \frac{\mathrm{d}E}{\mathrm{d}l}$$

式中，U_+、U_- 分别称为正、负离子的迁移速率，又称**离子淌度**，其物理意义是电势

梯度为单位数值时离子的迁移速率，单位是 $m^2 \cdot V^{-1} \cdot s^{-1}$，它反映了离子的迁移能力（表 5-3）。

表 5-3　一些离子在无限稀释水溶液中的离子迁移速率（298.15K）

正离子	$U_+^\infty / m^2 \cdot V^{-1} \cdot s^{-1}$	负离子	$U_-^\infty / m^2 \cdot V^{-1} \cdot s^{-1}$
H^+	36.30×10^{-8}	OH^-	20.52×10^{-8}
K^+	7.62×10^{-8}	SO_4^{2-}	8.27×10^{-8}
Ba^{2+}	6.59×10^{-8}	Cl^-	7.91×10^{-8}
Na^+	5.19×10^{-8}	NO_3^-	7.40×10^{-8}
Li^+	4.01×10^{-8}	HCO_3^{2-}	4.61×10^{-8}

当把电解质溶液确定为 298.15K 下的无限稀释水溶液时，离子的电迁移速率就只取决于离子的本性，此时正、负离子的电迁移速率分别用 U_+^∞ 和 U_-^∞ 表示，这将比离子的迁移速率更为直接而实质化。

当电流通过电解质溶液时，某种离子 B 所迁移的电量 Q_B 与通过溶液的总电量 Q 之比叫做该**离子的迁移数**，用符号 t_B 表示，即

$$t_B = \frac{Q_B}{Q} \tag{5-2}$$

对于只含有一种正离子和一种负离子的电解质溶液而言，正、负离子的迁移数分别为：

$$t_+ = \frac{Q_+}{Q_+ + Q_-} \quad t_- = \frac{Q_-}{Q_+ + Q_-} \tag{5-3}$$

离子迁移数与离子迁移速率的关系为：

$$t_+ = \frac{U_+}{U_+ + U_-} \quad t_- = \frac{U_-}{U_+ + U_-} \tag{5-4}$$

显然，$t_+ + t_- = 1$。

5. 摩尔电导率

导体的导电能力常用电阻 R 来表示，电阻越大则导电能力越强。通常电解质溶液的导电能力采用电阻的倒数来衡量，其数值越大表示该电解质导电能力越强，习惯上将电阻的倒数称为**电导**，用符号 G 表示，单位是 S。

$$G = \frac{1}{R}$$

均匀导体在电场中的电导 G 与导体的截面积 A 成正比，而与其长度 l 成反比，即

$$G = \kappa \frac{A}{l}$$

式中 κ 为电导率，其物理意义是指单位长度、单位截面积的均匀导体所具有的电导值，单位是 $S \cdot m^{-1}$。对于电解质溶液而言，**电导率**则是指相距单位长度、单位面积的两个平行电极板间充满电解质溶液时的电导，它与电解质溶液的浓度有关。对于强电解质溶液，浓度较稀时电导率近似与浓度成正比；随着浓度的增大，由于正、负离子间的静电吸引作用，电导率的增加逐渐缓慢；浓度很大时，电导率升高至极大值后下降。对于弱电解质溶液，起导电作用的只是电离的那部分离子，所以当浓度从小到大时，虽然单位体积中弱电解质分子的浓度增加，但其电离度是下降的，自由移动的离子数目增加并不多，所以弱电解质溶液的电导率通常很小。

摩尔电导率是指在相距 1m 的两个平行电极之间，放置含有 1mol 电解质的溶液所具有

的电导率，用符号 Λ_m 表示，单位是 $S \cdot m^2 \cdot mol^{-1}$。设含有 1mol 电解质的溶液体积为 V_m，则该电解质溶液的物质的量浓度为 $c = 1/V_m$。由于电导率 κ 是相距 1m 的两个平行电极板之间含有 $1m^3$ 溶液的电导，所以 Λ_m 与 κ 之间的关系为：

$$\Lambda_m = \frac{\kappa}{c} \tag{5-5}$$

需要注意的是，在表示电解质溶液的摩尔电导率时，必须标明物质的基本单元，否则摩尔电导率的物理意义不明确。例如在一定浓度的 K_2SO_4 溶液中：

$$\Lambda_m(K_2SO_4) = 0.02485 S \cdot m^2 \cdot mol^{-1}$$

$$\Lambda_m\left(\frac{1}{2}K_2SO_4\right) = 0.01243 S \cdot m^2 \cdot mol^{-1}$$

显然有

$$\Lambda_m(K_2SO_4) = 2\Lambda_m\left(\frac{1}{2}K_2SO_4\right)$$

6. 离子独立运动定律

德国科学家科尔劳许（Kohlrausch）根据大量实验数据发现：在无限稀释的电解质溶液中，强电解质的摩尔电导率与其物质的量浓度的平方根呈线性关系，即

$$\Lambda_m = \Lambda_m^\infty - A\sqrt{c} \tag{5-6}$$

式中，Λ_m^∞ 称为电解质溶液的**无限稀释摩尔电导率**；A 为与电解质性质有关的常数。

科尔劳许还比较了一系列电解质的无限稀释摩尔电导率，结果发现：具有相同阴离子（或阳离子）的盐类，它们的无限稀释摩尔电导率之差在同一温度下几乎为定值，而与另一阳离子（或阴离子）的存在无关。如表 5-4 所示，HCl 和 HNO_3、KCl 和 KNO_3、LiCl 和 $LiNO_3$ 这三对电解质的 Λ_m^∞ 差值几乎相等，而与阳离子（即不论是 H^+、K^+ 还是 Li^+）无关。因此，科尔劳许认为在无限稀释时每一种离子都是独立移动的，不受其他离子的影响，每一种离子对 Λ_m^∞ 都有恒定的贡献。由于向电解质溶液中通电时，电流的传递分别由正、负离子共同分担，因而电解质的 Λ_m^∞ 可认为是两种离子的摩尔电导率之和，这就是**离子独立运动定律**。

对于 1-1 价电解质而言，离子独立运动定律用公式表示为：

$$\Lambda_m^\infty = \Lambda_{m,+}^\infty + \Lambda_{m,-}^\infty \tag{5-7}$$

对于带有不同电荷的电解质，离子独立运动定律用公式表示为：

$$\Lambda_m^\infty = \nu_+\Lambda_{m,+}^\infty + \nu_-\Lambda_{m,-}^\infty \tag{5-8}$$

表 5-4　一些强电解质的无限稀释摩尔电导率（298.15K）

电解质	$\Lambda_m^\infty/S \cdot m^2 \cdot mol^{-1}$	差值	电解质	$\Lambda_m^\infty/S \cdot m^2 \cdot mol^{-1}$	差值
KCl	0.014986	34.83×10^{-4}	HCl	0.042616	4.86×10^{-4}
LiCl	0.011503		HNO_3	0.04213	
$KClO_4$	0.015004	35.06×10^{-4}	KCl	0.014986	4.90×10^{-4}
$LiClO_4$	0.010598		KNO_3	0.014496	
KNO_3	0.01450	34.90×10^{-4}	LiCl	0.011503	4.93×10^{-4}
$LiNO_3$	0.01101		$LiNO_3$	0.01101	

根据离子独立运动定律，在极稀的 HCl 溶液和 HAc 溶液中，H^+ 的无限稀释摩尔电导

率 Λ_m^∞ 是相同的。换言之，凡是在一定温度和一定溶剂中，只要是极稀溶液，同种离子的摩尔电导率相同，而与另一种离子的种类无关。表 5-5 为一些离子的无限稀释摩尔电导率。

表 5-5　一些离子的无限稀释摩尔电导率（298.15K）

阳离子	$\Lambda_m^\infty/S \cdot m^2 \cdot mol^{-1}$	阴离子	$\Lambda_m^\infty/S \cdot m^2 \cdot mol^{-1}$
H^+	349.82×10^4	OH^-	198.0×10^4
Li^+	38.69×10^4	Cl^-	76.34×10^4
Na^+	50.11×10^4	Br^-	78.4×10^4
K^+	73.52×10^4	I^-	76.8×10^4
NH_4^+	73.4×10^4	NO_3^-	71.44×10^4
Ag^+	61.92×10^4	CH_3COO^-	40.9×10^4
$\frac{1}{2}Ca^{2+}$	59.50×10^4	ClO_4^-	68.0×10^4
$\frac{1}{2}Sr^{2+}$	59.46×10^4	$\frac{1}{2}SO_4^{2-}$	79.8×10^4
$\frac{1}{2}Mg^{2+}$	53.06×10^4		
$\frac{1}{3}La^{3+}$	69.6×10^4		

根据离子独立运动定律，可以应用强电解质的无限稀释摩尔电导率来计算弱电解质的无限稀释摩尔电导率。

【例 5-2】已知在 25℃ 下，$\Lambda_m^\infty(NH_4Cl) = 1.499 \times 10^{-2} S \cdot m^2 \cdot mol^{-1}$，$\Lambda_m^\infty(NaOH) = 2.487 \times 10^{-2} S \cdot m^2 \cdot mol^{-1}$，$\Lambda_m^\infty(NaCl) = 1.265 \times 10^{-2} S \cdot m^2 \cdot mol^{-1}$。求该温度下 $NH_3 \cdot H_2O$ 的无限稀释摩尔电导率。

解：根据离子独立运动定律可知

$$\Lambda_m^\infty(NH_4Cl) = \Lambda_m^\infty(NH_4^+) + \Lambda_m^\infty(Cl^-)$$

$$\Lambda_m^\infty(NaOH) = \Lambda_m^\infty(Na^+) + \Lambda_m^\infty(OH^-)$$

$$\Lambda_m^\infty(NaCl) = \Lambda_m^\infty(Na^+) + \Lambda_m^\infty(Cl^-)$$

$$\Lambda_m^\infty(NH_3 \cdot H_2O) = \Lambda_m^\infty(NH_4^+) + \Lambda_m^\infty(OH^-) = \Lambda_m^\infty(NH_4Cl) + \Lambda_m^\infty(NaOH) - \Lambda_m^\infty(NaCl)$$
$$= (1.499 + 2.487 - 1.265) \times 10^{-2} = 2.721 \times 10^{-2} \quad (S \cdot m^2 \cdot mol^{-1})$$

7. 电解质溶液的热力学性质

（1）离子活度

电解质溶液与非电解质溶液不同，由于离子之间存在远程的静电作用力，即使电解质溶液的浓度很稀，其热力学性质也偏离理想稀溶液。因此，有必要引入电解质溶液活度与活度因子的概念。之前我们在讨论非理想溶液中物质的化学势时，曾以活度代替浓度，原则上这种方式也适用于电解质溶液。

参照非理想溶液化学势的定义，任一电解质 B 中正、负离子的化学势分别为

$$\mu_+ = \mu_+^\ominus + RT\ln a_+ \qquad \mu_- = \mu_-^\ominus + RT\ln a_- \tag{5-9}$$

式(5-9)中，a_+ 和 a_- 分别为正、负离子的活度，$\mu_+^\ominus$ 和 $\mu_-^\ominus$ 分别为正、负离子的标准化学势。

其中，正离子活度 a_+ 和负离子活度 a_- 分别为

$$a_+ = \gamma_+ \frac{b_+}{b^\ominus} \qquad a_- = \gamma_- \frac{b_-}{b^\ominus} \tag{5-10}$$

式(5-10) 中，γ_+ 和 γ_- 分别为正、负离子的**活度因子**；b_+ 和 b_- 分别为正、负离子的质量摩尔浓度；$b^{\ominus}$ 为标准质量摩尔浓度，其数值为 $1\,mol \cdot kg^{-1}$。如果电解质 B 完全电离，则 $b_+ = \nu_+ b_B$，$b_- = \nu_- b_B$；b_B 为电解质溶液的质量摩尔浓度。

由于溶液始终是电中性的，换言之在电解质溶液中正、负离子总是同时存在，因此向电解质溶液中单独添加正离子或负离子都是做不到的。因为单一离子的化学势绝对值无法测定，通常将电解质作为整体来处理。

设任一强电解质 B 在溶液中完全电离，则

$$M_{\nu_+} A_{\nu_-} \longrightarrow \nu_+ M^{z+} + \nu_- A^{z-}$$

式中，$z+$ 和 $z-$ 分别为正负离子的价数。

当 T、p 不变时，电解质 $M_{\nu_+} A_{\nu_-}$ 的化学势 μ_B 为

$$\mu_B = \nu_+ \mu_+ + \nu_- \mu_- \tag{5-11}$$

将式(5-9) 和式(5-10) 代入上式可得

$$\mu_B^{\ominus} + RT\ln a_B = \nu_+ (\mu_+^{\ominus} + RT\ln a_+) + \nu_- (\mu_-^{\ominus} + RT\ln a_-) = \nu_+ \mu_+^{\ominus} + \nu_- \mu_-^{\ominus} + RT\ln(a_+^{\nu_+} a_-^{\nu_-})$$

若令 $\mu_B^{\ominus} = \nu_+ \mu_+^{\ominus} + \nu_- \mu_-^{\ominus}$，则

$$a_B = a_+^{\nu_+} a_-^{\nu_-} \tag{5-12}$$

式(5-12) 表示电解质 B 的活度与正、负离子活度间的关系。

由于在电解质溶液中，正、负离子总是同时存在，单一离子的活度和活度因子均无法测定，所以引入**平均离子活度** $a_\pm$、**平均离子活度因子** $\gamma_\pm$ 和**平均离子质量摩尔浓度** $b_\pm$ 的概念，将 $\nu = \nu_+ + \nu_-$ 代入即有

$$a_\pm = (a_+^{\nu_+} a_-^{\nu_-})^{\frac{1}{\nu}} = a_\pm^{\nu} \tag{5-13}$$

$$\gamma_\pm = (\gamma_+^{\nu_+} \gamma_-^{\nu_-})^{\frac{1}{\nu}} = \gamma_\pm^{\nu} \tag{5-14}$$

$$b_\pm = (b_+^{\nu_+} b_-^{\nu_-})^{\frac{1}{\nu}} = b_\pm^{\nu} \tag{5-15}$$

综上所述，平均离子活度 $a_\pm$、平均离子活度因子 $\gamma_\pm$ 和平均离子质量摩尔浓度 $b_\pm$ 三者之间的关系为

$$a_\pm = \gamma_\pm \frac{b_\pm}{b^{\ominus}} \ (当 b \rightarrow 0 \ 时，\gamma_\pm \rightarrow 1) \tag{5-16}$$

平均离子活度因子 $\gamma_\pm$ 的大小反映了由于离子之间的相互作用所导致的电解质溶液偏离理想稀溶液热力学性质的程度，$\gamma_\pm$ 可通过蒸气压法、凝固点降低法和电动势法测得。

表 5-6 水溶液中不同质量摩尔浓度的电解质离子的平均活度因子（298.15K）

电解质	0.001 mol·kg⁻¹	0.005 mol·kg⁻¹	0.01 mol·kg⁻¹	0.05 mol·kg⁻¹	0.10 mol·kg⁻¹	0.50 mol·kg⁻¹	1.0 mol·kg⁻¹	2.0 mol·kg⁻¹	4.0 mol·kg⁻¹
HCl	0.965	0.928	0.904	0.830	0.796	0.757	0.809	1.009	1.762
NaCl	0.966	0.929	0.904	0.823	0.778	0.682	0.658	0.671	0.783
KCl	0.965	0.927	0.901	0.815	0.769	0.650	0.605	0.575	0.582
HNO₃	0.965	0.927	0.902	0.823	0.785	0.715	0.720	0.783	0.982
CaCl₂	0.887	0.783	0.724	0.574	0.518	0.448	0.500	0.792	0.934
H₂SO₄	0.830	0.639	0.544	0.340	0.265	0.154	0.130	0.124	0.171
CuSO₄	0.74	0.53	0.41	0.21	0.16	0.068	0.047		
ZnSO₄	0.734	0.477	0.387	0.202	0.148	0.063	0.043	0.035	

由表 5-6 可以看出：

① 当质量摩尔浓度趋于 0 时，平均离子活度因子 $\gamma_\pm$ 趋于 1。

② 随着电解质溶液质量摩尔浓度的增加，平均离子活度因子 $\gamma_\pm$ 先下降后上升。

③ 在稀溶液范围内，同一价型电解质的平均离子活度因子 $\gamma_\pm$ 比较接近；当质量摩尔浓度相同时，高价型电解质的平均离子活度因子 $\gamma_\pm$ 较小。

【例 5-3】已知在 25℃下，浓度为 $0.05\,\mathrm{mol \cdot kg^{-1}}$ 的 Na_2SO_4 水溶液中，离子平均活度系数 $\gamma_\pm$ 为 0.536，求此溶液中 Na_2SO_4 的活度及离子平均活度。

解： Na_2SO_4 在水溶液中完全电离

$$Na_2SO_4 \longrightarrow 2Na^+ + SO_4^{2-}$$

$$\nu_+ = 2, \nu_- = 1, \nu = \nu_+ + \nu_- = 2 + 1 = 3$$

$$b_+ = \nu_+ b_B = 2 \times 0.05 = 0.10\,(\mathrm{mol \cdot kg^{-1}})$$

$$b_- = \nu_- b_B = 1 \times 0.05 = 0.05\,(\mathrm{mol \cdot kg^{-1}})$$

$$b_\pm = (b_+^{\nu_+} b_-^{\nu_-})^{\frac{1}{\nu}} = (0.10^2 \times 0.05)^{\frac{1}{3}} = 0.079\,(\mathrm{mol \cdot kg^{-1}})$$

$$a_\pm = \gamma_\pm \frac{b_\pm}{b^\ominus} = 0.536 \times \frac{0.079}{1} = 0.042$$

$$a_B = a_+^{\nu_+} a_-^{\nu_-} = a_\pm^\nu = 0.042^3 = 7.41 \times 10^{-5}$$

（2）离子强度

为了体现离子价数和浓度对 $\gamma_\pm$ 的影响，1921 年路易斯提出了**离子强度 I** 的概念，并进一步提出了电解质平均离子活度系数与离子强度的经验关系式，即

$$I = \frac{1}{2} \sum b_B z_B^2 \tag{5-17}$$

【例 5-4】分别计算浓度为 $0.500\,\mathrm{mol \cdot kg^{-1}}$ 的 KNO_3、K_2SO_4、K_4FeCN_6 溶液的离子强度。

解： KNO_3 在水溶液中完全电离

$$KNO_3 \longrightarrow K^+ + NO_3^-$$

$$I = \frac{1}{2} \times [0.5 \times 1^2 + 0.5 \times (-1)^2] = 0.5\,(\mathrm{mol \cdot kg^{-1}})$$

K_2SO_4 在水溶液中完全电离

$$K_2SO_4 \longrightarrow 2K^+ + SO_4^{2-}$$

$$I = \frac{1}{2} \times [(2 \times 0.5) \times 1^2 + 0.5 \times (-2)^2] = 1.5\,(\mathrm{mol \cdot kg^{-1}})$$

$$K_4FeCN_6 \longrightarrow 4K^+ + Fe(CN)_6^{4-}$$

$$I = \frac{1}{2} \times [(4 \times 0.5) \times 1^2 + 0.5 \times (-4)^2] = 5\,(\mathrm{mol \cdot kg^{-1}})$$

二、电动势的产生机理

凡是存在两相界面（无论是否发生电荷转移），就会产生电荷量相等而符号相反的双电层，即二者之间存在电势差。常见的电势差有以下三种：

1. 电极电势

将任一金属 M 浸入含有该金属离子 M^{z+} 的溶液中时，可产生两种不同现象，这取决于金属的性质和溶液的浓度。若 M 的晶格能较小，M^{z+} 的水化能较大，则金属溶解进入溶液使得其表面带负电，吸引溶液中的正离子形成双电层，从而产生电势差；反之，若 M 的晶格能较大，M^{z+} 的水化能较小，则溶液中的 M^{z+} 向金属表面沉积，平衡后金属表面带正电，吸引溶液中的负离子形成双电层，从而产生电势差。通常我们把产生在金属与盐溶液间的双电层电势差称为该金属的**电极电势**，用符号 φ 表示，单位为 V。见图 5-2。

2. 接触电势

接触电势是指两种金属相接触时，在界面上产生的电势差。因为不同金属的电子逸出功不同，当相互接触时，由于彼此逸入的电子数目不相等，导致电子在接触面上分布不均匀，当达到动态平衡后，在金属接界处就会产生恒定的电势差。接触电势较小，一般可忽略不计。

3. 液接电势

在两个含有不同溶质的溶液所形成的界面上，或者两种溶质相同但浓度不同的溶液界面上，存在着微小的电势差，称为液体的**液接电势**。液接电势一般不超过

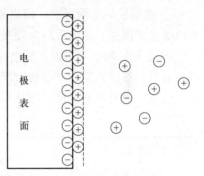

图 5-2　电极与溶液的界面电势差示意图

0.03V，其产生的原因是离子的迁移速率不同。例如，在两种浓度不同的 HCl 溶液的界面上，HCl 将从浓的一边向稀的一边扩散。因为 H^+ 的扩散速率比 Cl^- 快，所以在稀的一侧将出现过剩的 H^+ 而带正电，在浓的一侧由于有过剩的 Cl^- 而带负电，导致它们之间产生电势差。电势差的产生使 H^+ 的扩散速率减慢，同时加快了 Cl^- 的迁移，最终达到动态平衡。此时两种离子以恒定的速率扩散，电势差保持恒定。见图 5-3。

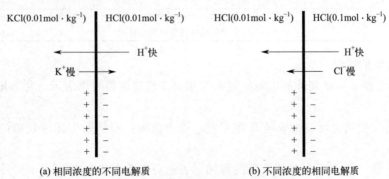

图 5-3　液接电势的形成示意图

由于扩散过程是不可逆的，所以如果电池中包含液接电势，实验测定时就难以得到稳定的数值。因此，在精确的电化学测量中应尽量避免使用存在液接电势的电池，实验中减弱液接电势的常用方法有两种，即搅拌和使用盐桥。

【提升篇】

在两相或多相间存在电势差的系统称为**电化学系统**。电化学系统主要研究两个方面的问题：一是电极上没有电流通过的可逆过程（如韦斯顿标准电池）；二是电极上有电流通过的不可逆过程（如电解池、化学电源等）。

一、可逆电池

可逆电池的研究在热力学中具有十分重要的地位，这是因为一方面可逆电池能够指出原电池将化学能转变为电能的最高限度，另一方面可逆电池揭示了电化学反应的平衡规律。参照热力学可逆过程，可逆电池必须满足以下条件：

① 电极反应必须可逆。即当相反方向的电流通过电极时，电极反应逆向进行；通过电极的电流无限小，电极反应是在接近电化学平衡的条件下进行的。

② 能量转换必须可逆。即电池可逆放电时所放出的能量不转化为热，此能量用于电池再充电时，可使系统和环境同时恢复原状。

构成可逆电池的电极应当是可逆电极，如表 5-7 所示。

表 5-7 常见的可逆电极

电极分类	电极名称	电极组成	电极表示式和电极反应
第一类电极	金属电极	将金属浸入含有该种金属离子的溶液中所组成的电极	$ZnSO_4(aq) \mid Zn(s)$ $Zn^{2+} + 2e \longrightarrow Zn$
	气体电极	将惰性电极插入气体和该气体组成的离子溶液所组成的电极	$Pt \mid H_2(g) \mid H^+(aq)$ $2H^+ + 2e \longrightarrow H_2$
	汞齐电极	将活泼金属(如 Na、K)溶于 Hg 形成汞齐，再与相应的盐溶液所组成的电极	$Na(Hg) \mid Na^+(aq)$ $Na^+ + Hg + e \longrightarrow Na(Hg)$
第二类电极	金属-微溶盐电极	在金属表面覆盖一层该金属的微溶盐，然后浸入含有该微溶盐负离子的溶液中所组成的电极	$Ag(s) \mid AgCl(s) \mid Cl^-(aq)$ $AgCl(s) + e \longrightarrow Ag(s) + Cl^-$
	金属-微溶氧化物电极	在金属表面覆盖一层该金属的微溶氧化物，然后浸入含有 H^+ 或 OH^- 的溶液中所组成的电极	$Ag(s) \mid Ag_2O(s) \mid OH^-(aq)$ $Ag_2O(s) + H_2O + 2e \longrightarrow 2Ag(s) + 2OH^-$
第三类电极	氧化还原电极	将惰性电极插入含有某种元素的两种不同氧化态的离子溶液中所组成的电极	$Pt \mid Fe^{3+}(aq), Fe^{2+}(aq)$ $Fe^{3+} + e \longrightarrow Fe^{2+}$

1. 可逆电池的符号

为了书写方便，一个实际的电池装置常采用易于理解的符号来表示，称为**电池图示**，其书写规则如下：

① 通常将发生氧化反应的电极写在左侧，称为负极；而将发生还原反应的电极写在右侧，称为正极。

② 用单垂线"|"表示相与相之间的界面，表示有界面电势存在。

③ 用双垂线"‖"表示盐桥，表示溶液之间的接界电势通过盐桥已降低到可忽略不计。

④ 组成电池的物质用化学符号表示，并且需要注明相态、温度和压力，所用的电解质溶液还需注明活度。

铜锌原电池见图 5-4。

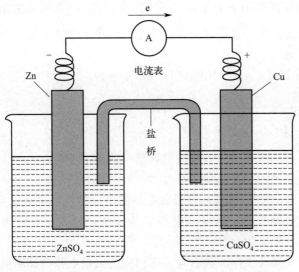

铜锌原电池

图 5-4　铜锌原电池示意图

根据上述规则，铜锌原电池可用符号表示为：

$$Zn(s)\,|\,ZnSO_4(a_1)\,\|\,CuSO_4(a_2)\,|\,Cu(s)$$

该原电池的电极反应为：

负极（氧化反应）　　　　$Zn(s)-2e\longrightarrow Zn^{2+}(a_1)$

正极（还原反应）　　　　$Cu^{2+}(a_2)+2e\longrightarrow Cu(s)$

电池反应　　　　$Zn(s)+Cu^{2+}(a_2)\longrightarrow Zn^{2+}(a_1)+Cu(s)$

需要注意的是，在书写电极反应和电池反应时必须遵循物料守恒和电荷守恒。

2. 标准电极电势

原电池中正、负两个电极的电极电势不相等，即两极之间存在着电势差。这个电势差是原电池电动势的主要组成部分，此外原电池的电动势还包括其他各个相接界处的电势（如接触电势、液接电势等）。在不考虑接触电势和使用盐桥将液接电势减弱至忽略不计的情况下，原电池的电动势 E 就等于正、负两极之间的电势差，即

$$E=\varphi_+-\varphi_-\qquad(5\text{-}18)$$

式（5-18）中，φ_+ 和 φ_- 分别为原电池中正、负两极的电极电势。由于原电池的电动势 E 是可以精确测量的，但某个电极的电极电势 φ 无法单独测量，所以我们采用的方法是指定一个基准电极（如标准氢电极），然后将待测电极与基准电极组成原电池来测得此电池的电动势，再由式（5-18）计算出待测电极的电极电势。换言之，电极电势是相对值，而非绝对值。为了测定任意电极的相对电极电势数值，目前国际上指定的基准电极是**标准氢电极**，其结构如图5-5所示：将镀有铂黑的铂片插入含有

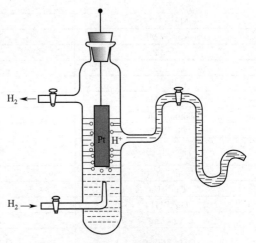

图 5-5　标准氢电极

H^+ ($a_{H^+}=1$) 的溶液中，并用标准压力下的干燥 H_2 ($p_{H_2}^{\ominus}=100\text{kPa}$) 不断冲击铂电极，就构成了标准氢电极。电化学中规定，在任意温度下标准氢电极的电极电势 $\varphi_{H_2}^{\ominus}$ 为零。

标准氢电极的电极表示式为

$$\text{Pt} \mid H_2 (p^{\ominus}=100\text{kPa}) \mid H^+ (a_{H^+}=1)$$

电极反应为

$$\frac{1}{2}H_2 (p^{\ominus}=100\text{kPa}) \longrightarrow H^+ (a_{H^+}=1) + e$$

现将标准氢电极作为负极，与任意给定的待测电极组合成如下电池：

$$\text{Pt} \mid H_2 (p^{\ominus}=100\text{kPa}) \mid H^+ (a_{H^+}=1) \parallel 待测电极$$

这样的规定表示该电池的电动势 E 数值和符号就是待测电极的电极电势 φ 数值和符号。若待测电极实际进行的反应为还原反应，则电极电势 φ 为正值；反之，若待测电极实际进行的反应为氧化反应，则电极电势 φ 为负值。

当给定的待测电极中各组分均处于标准状态时，则相应的电极电势为**标准电极电势**，用符号 $\varphi^{\ominus}$ 表示。

例如将标准氢电极与 $\varphi_{Zn^{2+}/Zn}^{\ominus}$ 组成电池 $\text{Pt} \mid H_2 (p^{\ominus}=100\text{kPa}) \mid H^+ (a_{H^+}=1) \parallel Zn^{2+}$ ($a_{Zn^{2+}}=1$) $\mid Zn(s)$，实验测得该电池的标准电动势 $E^{\ominus}$ 为 0.7628V，电池反应为 H_2 ($p^{\ominus}=100\text{kPa}$) $+ Zn^{2+}$ ($a_{Zn^{2+}}=1$) $=\!=\!= 2H^+$ ($a_{H^+}=1$) $+ Zn(s)$。但在锌电极上进行的是氧化反应，故而实际的电池反应与上式相反，所以 $\varphi_{Zn^{2+}/Zn}^{\ominus}$ 为负值，即 $\varphi_{Zn^{2+}/Zn}^{\ominus}=-0.7628\text{V}$。

部分电极的标准电极电势见表 5-8。

表 5-8 部分电极的标准电极电势（298.15K，100kPa）

电极	电极反应	$\varphi^{\ominus}/\text{V}$
$Li^+ \mid Li$	$Li^+ + e \Longrightarrow Li$	-3.045
$K^+ \mid K$	$K^+ + e \Longrightarrow K$	-2.924
$Na^+ \mid Na$	$Na^+ + e \Longrightarrow Na$	-2.7107
$Mg^{2+} \mid Mg$	$Mg^{2+} + 2e \Longrightarrow Mg$	-2.375
$Mn^{2+} \mid Mn$	$Mn^{2+} + 2e \Longrightarrow Mn$	-1.029
$Zn^{2+} \mid Zn$	$Zn^{2+} + 2e \Longrightarrow Zn$	-0.7626
$Fe^{2+} \mid Fe$	$Fe^{2+} + 2e \Longrightarrow Fe$	-0.409
$Co^{2+} \mid Co$	$Co^{2+} + 2e \Longrightarrow Co$	-0.28
$Ni^{2+} \mid Ni$	$Ni^{2+} + 2e \Longrightarrow Ni$	-0.23
$Sn^{2+} \mid Sn$	$Sn^{2+} + 2e \Longrightarrow Sn$	-0.1362
$Pb^{2+} \mid Pb$	$Pb^{2+} + 2e \Longrightarrow Pb$	-0.1262
$H^+ \mid H_2 \mid Pt$	$H^+ + e \Longrightarrow \frac{1}{2}H_2$	0.0000
$Cu^{2+} \mid Cu$	$Cu^{2+} + 2e \Longrightarrow Cu$	$+0.3402$
$Cu^+ \mid Cu$	$Cu^+ + e \Longrightarrow Cu$	$+0.522$
$Hg^{2+} \mid Hg$	$Hg^{2+} + 2e \Longrightarrow Hg$	$+0.851$
$Ag^+ \mid Ag$	$Ag^+ + e \Longrightarrow Ag$	$+0.7994$
$OH^- \mid O_2 \mid Pt$	$\frac{1}{2}O_2 + H_2O + 2e \Longrightarrow 2OH^-$	$+0.401$
$H^+ \mid O_2 \mid Pt$	$O_2 + 4H^+ + 4e \Longrightarrow 2H_2O$	$+1.229$
$I^- \mid I_2 \mid Pt$	$\frac{1}{2}I_2 + e \Longrightarrow I^-$	$+0.5355$
$Br^- \mid Br_2 \mid Pt$	$\frac{1}{2}Br_2 + e \Longrightarrow Br^-$	$+1.065$

电极	电极反应	$\varphi^{\ominus}/V$
$Cl^-\mid Cl_2\mid Pt$	$\frac{1}{2}Cl_2+e\Longleftrightarrow Cl^-$	$+1.3586$
$I^-\mid AgI\mid Ag$	$AgI+e\Longleftrightarrow Ag+I^-$	-0.1517
$Br^-\mid AgBr\mid Ag$	$AgBr+e\Longleftrightarrow Ag+Br^-$	$+0.0715$
$Cl^-\mid AgCl\mid Ag$	$AgCl+e\Longleftrightarrow Ag+Cl^-$	$+0.2225$
$OH^-\mid Ag_2O\mid Ag$	$Ag_2O+H_2O+2e\Longleftrightarrow 2Ag+2OH^-$	$+0.342$
$Cl^-\mid Hg_2Cl_2\mid Hg$	$Hg_2Cl_2+2e\Longleftrightarrow 2Hg+2Cl^-$	$+0.2676$
$SO_4^{2-}\mid Hg_2SO_4\mid Hg$	$Hg_2SO_4+2e\Longleftrightarrow 2Hg+SO_4^{2-}$	$+0.6258$
$SO_4^{2-}\mid PbSO_4\mid Pb$	$PbSO_4+2e\Longleftrightarrow Pb+SO_4^{2-}$	-0.356
$Fe^{3+},Fe^{2+}\mid Pb$	$Fe^{3+}+e\Longleftrightarrow Fe^{2+}$	$+0.770$
$H^+,MnO_4^-,Mn^{2+}\mid Pt$	$MnO_4^-+8H^++5e\Longleftrightarrow Mn^{2+}+4H_2O$	$+1.491$
$MnO_4^-,MnO_4^{2-}\mid Pt$	$MnO_4^-+e\Longleftrightarrow MnO_4^{2-}$	$+0.564$
$Sn^{4+},Sn^{2+}\mid Pt$	$Sn^{4+}+2e\Longleftrightarrow Sn^{2+}$	$+0.15$

3. 可逆电池热力学

根据热力学原理，若可逆电池在等温、等压条件下进行化学反应 $a\text{A}+b\text{B}\Longleftrightarrow d\text{D}+e\text{E}$，其吉布斯函数的变化值等于该反应进行时系统对环境所做的最大非体积功 W'，即

$$\Delta_r G_m=W'$$

若非体积功只有电功，则

$$\Delta_r G_m=W'=-zFE \tag{5-19}$$

式（5-19）中，F 为法拉第常数；E 为原电池的电动势。

若电池反应中各物质的活度为1，气体的压力为100kPa，则有

$$\Delta_r G_m^{\ominus}=-zFE^{\ominus} \tag{5-20}$$

式（5-20）中，$E^{\ominus}$ 为原电池的标准电动势。

根据标准平衡常数的定义式

$$\Delta_r G_m^{\ominus}=-RT\ln K^{\ominus}$$

可知原电池的标准电动势 $E^{\ominus}$ 与电池反应的标准平衡常数 $K^{\ominus}$ 之间存在如下关系：

$$E^{\ominus}=\frac{RT}{zF}\ln K^{\ominus} \tag{5-21}$$

将化学反应的范特霍夫等温方程 $\Delta_r G_m=\Delta_r G_m^{\ominus}+RT\ln \Pi a_B^{v_B}$ 代入，可得

$$E=E^{\ominus}+\frac{RT}{zF}\ln \Pi a_B^{v_B} \tag{5-22}$$

式（5-22）称为**电池反应的能斯特方程**，该方程反映了一定温度下可逆电池的电动势与参与电池反应的各物质活度之间的关系。需要说明的是，纯固体和纯液体的活度为1，气体的活度用逸度表示。

对于任意一个给定的电极，其电极反应和电极电势的计算通式如下：

$$氧化态+ze\longrightarrow 还原态$$

$$\varphi=\varphi^{\ominus}-\frac{RT}{zF}\ln\frac{a_{还原态}}{a_{氧化态}} \tag{5-23}$$

式(5-23) 称为**电极反应的能斯特方程**，式中 $\varphi^{\ominus}$ 为该电极的标准电极电势。

【例 5-5】试计算下列电池在 25℃下的电动势。

$$Cd(s)\,|\,Cd^{2+}(a=0.01)\,\|\,Cl^{-}(a=0.5)\,|\,Cl_2(p=100kPa)$$

解：该电池的电极反应为

负极 $\qquad\qquad\qquad Cd-2e\longrightarrow Cd^{2+}(a=0.01)$

正极 $\qquad\qquad Cl_2(p=100kPa)+2e\longrightarrow 2Cl^{-}(a=0.5)$

电池反应 $\quad Cd+Cl_2(p=100kPa)\longrightarrow Cd^{2+}(a=0.01)+2Cl^{-}(a=0.5)$

查表可知

$$\varphi^{\ominus}_{Cd^{2+}/Cd}=-0.402V \qquad \varphi^{\ominus}_{Cl_2/Cl^{-}}=1.358V$$

$$E^{\ominus}=\varphi^{\ominus}_{+}-\varphi^{\ominus}_{-}=\varphi^{\ominus}_{Cl_2/Cl^{-}}-\varphi^{\ominus}_{Cd^{2+}/Cd}=1.358-(-0.402)=1.760(V)$$

$$E=E^{\ominus}+\frac{RT}{zF}\ln\Pi a_B^{v_B}=E^{\ominus}+\frac{RT}{zF}\ln\frac{p_{Cl_2}/p^{\ominus}}{a_{Cd^{2+}}a^2_{Cl^{-}}}=1.760+\frac{8.314\times298.15}{2\times96500}\times\ln\frac{0.01\times0.5^{22}}{100/100}=1.837(V)$$

二、不可逆电极过程

在实际的电化学装置中电极上往往有电流通过，因为 $I\rightarrow0$ 意味着没有任何生产价值，换言之实际的电化学过程都是不可逆的。只有同时研究了可逆和不可逆两种电极过程，才能全面地分析和解决电化学问题。

1. 极化作用

当有电流通过电极时，电极电势偏离其平衡值的现象称为电极的**极化**。无论是原电池还是电解池，只要有一定量的电流通过，电极上就会发生极化作用，这一过程属于不可逆过程。通常把一定电流密度下的实际电极电势 $\varphi_{不可逆}$ 与其平衡电极电势 $\varphi_{可逆}$ 之差的绝对值称为**超电势**，用 φ_s 表示：

$$\varphi_s=|\varphi_{不可逆}-\varphi_{可逆}| \tag{5-24}$$

显然，φ_s 的数值反映了电极的极化程度。超电势的大小受很多因素影响，如电极反应、电极材料、电极的表面形状和光洁程度、电流密度、温度、电解质溶液的组成和浓度等。一般而言，析出金属时超电势较小，而析出气体时超电势较大。

电极的极化作用具有实际应用价值，例如因形成腐蚀电池而导致的金属腐蚀现象，极化作用的发生可以减缓腐蚀速率。这是由于电极极化的结果将导致阴极电势减小，阳极电势增大，从而造成腐蚀原电池的电动势减小，电化学腐蚀速率减慢，甚至完全停止。

2. 分解电压

当一个电池与外接直流电源反向连接时，只要外加电压大于该电池的电动势 E，电池就会接受环境所提供的电能从而使电池中的化学反应发生逆转，此时

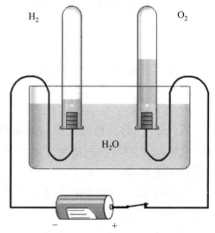

图 5-6 电解水的实验装置

原电池就变成了电解池。例如我们比较熟悉的工业上电解水生产 H_2 和 O_2 的电解池，见图 5-6。

阴极反应：$\qquad\qquad 2H_2O+2e \longrightarrow H_2+2OH^-$

阳极反应：$\qquad\qquad 2OH^- \longrightarrow 1/2O_2+H_2O+2e$

电解池反应：$\qquad\qquad H_2O \longrightarrow H_2+1/2O_2$

大量实验结果表明，要使电解池能够连续地正常工作，外加电压往往要比电池的电动势 E 大得多，这些额外的电能一部分用来克服电阻，另一部分则消耗在克服电极产生的极化作用。通常把电解质溶液能够连续发生电解过程所需要施加的最小外电压称为**分解电压**。

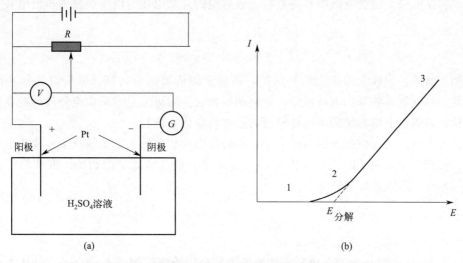

图 5-7　测定分解电压的装置 (a) 和测定分解电压的 *I-E* 曲线 (b)

如图 5-7 所示，使用两个铂电极电解 HCl 溶液时，调节可变电阻，同时记录电流表和电压表的读数，就可以绘制出电解池两端的 *I-E* 曲线：在实验开始时，由于外加电压很小，电解池中几乎没有电流通过；随后电压增加，电流略有增大；而当电压增加到某一数值以后，曲线的斜率急剧增大，此时两个电极上出现气泡；继续增加电压，电流就会随电压直线上升。将直线部分外延到电流为零处所得到的电压即为分解电压，该数值与电解质溶液、电极材料、温度等因素有关。

表 5-9　几种电解质溶液的分解电压（298.15K，铂电极）

电解质	电解产物	物质的量浓度 $c/\text{mol} \cdot L^{-1}$	实测分解电压 $E_{实际}/V$	理论分解电压 $E_{理论}/V$
HCl	H_2 和 Cl_2	1	1.31	1.37
HNO_3	H_2 和 O_2	1	1.69	1.23
H_2SO_4	H_2 和 O_2	0.5	1.67	1.23
NaOH	H_2 和 O_2	1	1.69	1.23
$CuSO_4$	Cu 和 O_2	0.5	1.49	0.51
$NiCl_2$	Ni 和 Cl_2	0.5	1.85	1.64

表 5-9 中所列出的数据表明，用铂片做电极时，HNO_3、H_2SO_4 和 NaOH 溶液的分解电压十分接近，这是由于它们的电解产物都是 H_2 和 O_2，实质上都是电解水的结果。换言之，当电解不同的电解质时，如果电极反应相同，则分解电压也基本相同。此外，

表 5-9 中 $E_{理论}$ 表示所对应的原电池电动势,可由能斯特方程计算得出。从理论上讲 $E_{实际}＝E_{理论}$,但实验结果表明大多数情况下 $E_{实际}＞E_{理论}$,超出的部分主要是由于电极的极化作用所致。

3. 析出电势

对于指定的电解池,每种离子从电解质溶液中析出时所对应的电极电势称为电解产物的**析出电势**。在一定温度下,析出电势与电解质溶液的浓度和超电势有关。

在实际生产过程中,电解质溶液往往含有多种离子。原则上溶液中所有的正离子都可以在阴极放电,而所有的负离子也都可以在阳极放电。由于不同离子的析出电势不同,导致各种电解产物在电极上的放电顺序有先有后。电解池的外加电压与两个电极的析出电势有以下关系:

$$E = \varphi_{阳,实测} - \varphi_{阴,实测} \qquad (5\text{-}25)$$

显然,离子在阳极上的析出电势越低,阴极上的析出电势越高,则所需的外加电压越小。因此,当电解池的外加电压从零开始逐渐增大时,阳极上总是析出电势最低的氧化反应优先进行,而阴极上则总是析出电势较高的还原反应优先进行。

在工业上可以通过控制外加电压大小,将析出电势相差较大的金属离子分步析出从而得以分离。假定在金属离子的还原过程中 $\varphi_{阳,实测}$ 不变,设金属离子的初始活度和终了活度分别为 a_1 和 a_2,则两者的电势差为:

$$\Delta\varphi_{阴} = \frac{RT}{zF}\ln\frac{a_1}{a_2} \qquad (5\text{-}26)$$

当 $a_1/a_2 = 10^7$ 时,此时金属离子的浓度降低至初始浓度的千万分之一,可认为该离子已经分离完全。则计算可得一价金属离子(如 Ag^+)的 $\Delta\varphi_{阴}$ 约为 0.4V,而二价金属离子(如 Cu^{2+})的 $\Delta\varphi_{阴}$ 约为 0.2V,其余以此类推。在实际操作过程中,当一种金属离子的浓度下降至原有浓度的 10^{-7} 时,可将沉积有该金属的阴极取出,然后调换另一个新的电极,再增大外加电压,使另一种金属离子继续沉积出来。

用电化学的方法使两种或两种以上金属在电解池的阴极发生共沉积的过程称为**合金电镀**。例如当电解质溶液中具有相同浓度的 Cu^{2+} 和 Zn^{2+} 时,由于它们的析出电势相差约 1V,此时二者无法同时析出。若欲使这两种金属离子同时在阴极上析出形成合金,则需调整 Cu^{2+} 和 Zn^{2+} 的浓度,使其具有相等的析出电势。工业上常采用的方法是向电解质溶液中加入 CN^- 使金属离子形成配位化合物 $[Cu(CN)_3]^-$ 和 $[Zn(CN)_4]^{2-}$,然后调整 Cu^{2+} 和 Zn^{2+} 的浓度比,可使 Cu 和 Zn 同时析出从而形成合金镀层。如果进一步控制温度、电流密度以及 CN^- 的浓度,就可以得到不同组成的黄铜合金。

【扩展篇】

一、化学电源

化学电源(表 5-10)是将化学能转变为电能的装置,化学电源内参加电极反应的物质叫做**活性物质**。在实际使用过程中能够提供恒稳电流的电池都是不可逆电池。根据工作特点的不同，化学电源可分为以下两类：①电池中的活性物质耗尽后，只能废弃无法再次使用的电池称为**一次电池**，如锌–锰干电池、锌–空气电池、纽扣电池等；②电池放电后可借助于外来直流电源进行充电，从而使活性物质复原，以便重新放电的电池称为**二次电池**，如铅蓄电池、铁镍蓄电池、银锌蓄电池等。

燃料电池是将燃料在电池中氧化，使化学能直接转变为电能的化学电源，如氢氧燃料电池、甲烷燃料电池等。这类电池属于敞开系统，电极所需要的活性物质储存在电池外部，可以根据需要连续加入（通常将燃料输送到负极作为活性物质，把助燃气体输送到正极作为氧化剂），而产物也会同时排出。燃料电池的正极和负极不包含活性物质，只是个催化转换元件。燃料电池不仅可以大功率供电（可达几十千瓦），而且还具有可靠性高、无噪声等优点，因此这类电池主要应用于航空航天发电、军舰和潜艇等研究领域。

海洋电池是以铝合金为负极，铂网为正极，海水为电解质溶液的一种无污染、长效、稳定的电源，它依靠海水中的溶解氧与铝反应源源不断地产生电能。海洋电池本身不含正极活性物质和电解质溶液，不放入海洋时，负极铝电极就不会在空气中被氧化，可以长期储存；使用时将它放入海水中即可提供电能。海洋电池以海水为电解质溶液，不存在污染，是海洋用电设施的能源新秀。

表 5-10 常见的化学电源

电池符号	电池反应	E/V
锌-锰干电池 $Zn\|ZnCl_2, NH_4Cl(糊状)\parallel MnO_2\|C(石墨)$	负极反应： $Zn+2NH_4Cl\longrightarrow Zn(NH_3)_2Cl_2+2H^++2e$ 正极反应： $2MnO_2+2H^++2e\longrightarrow 2MnO(OH)$ 总反应： $2MnO_2+Zn+2NH_4Cl\longrightarrow Zn(NH_3)_2Cl_2+2MnO(OH)$	1.55
铅蓄电池 $Pb\text{-}PbSO_4\|H_2SO_4\|PbSO_4\text{-}PbO_2\text{-}Pb$	负极反应： $Pb+SO_4^{2-}\longrightarrow PbSO_4+2e$ 正极反应： $PbO_2+H_2SO_4+2H^++2e\longrightarrow PbSO_4+2H_2O$ 总反应： $PbO_2+Pb+2H_2SO_4\longrightarrow 2PbSO_4+2H_2O$	2.05
氢氧燃料电池 $M\|H_2(g)\|KOH\|O_2(g)\|M$	负极反应： $H_2+2OH^-\longrightarrow 2H_2O+2e$ 正极反应： $\frac{1}{2}O_2+H_2O+2e\longrightarrow 2OH^-$ 总反应： $H_2+\frac{1}{2}O_2\longrightarrow H_2O$	1.23
海洋电池	负极反应： $4Al\longrightarrow 4Al^{3+}+12e$ 正极反应： $3O_2+6H_2O+12e\longrightarrow 12OH^-$ 总反应： $4Al+3O_2+6H_2O\longrightarrow 4Al(OH)_3\downarrow$	1.50～1.55

二、金属的电化学腐蚀与防腐

金属与电解质溶液相接触时，由于发生电化学反应而引起的腐蚀叫做**电化学腐蚀**。如地下管道在土壤中的腐蚀，船体在海水中的腐蚀，桥梁构件在潮湿空气中的腐蚀等，这些腐蚀过程的实质都是由于在金属与电解质的接触面上发生了阳极氧化反应，同时又有相应的阴极还原过程与之配合，从而形成微电池群自发放电的结果，故而电化学腐蚀的特点是发生时有电流产生。如铜板上的铁铆钉生锈即为电化学腐蚀所致，如图 5-8 所示：若有铁铆钉的铜板长期暴露在潮湿空气中，表面就会凝结一层薄薄的水膜；空气中的 CO_2、工厂区附近的 SO_2、沿海地区潮湿空气中的盐分等均会溶解在水膜中，形成电解质溶液薄层。于是在这两种不同金属的结合处就形成了一个以铁为阳极、铜为阴极的腐蚀原电池，其电极反应为：

阳极：$Fe \longrightarrow Fe^{2+} + 2e$（金属溶解）

阴极：① $2H^+ + 2e \longrightarrow H_2$（析氢腐蚀）

② $O_2 + 2H_2O + 4e \longrightarrow 4OH^-$　或　$O_2 + 4H^+ + 4e \longrightarrow 2H_2O$（吸氧腐蚀）

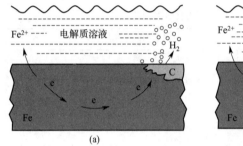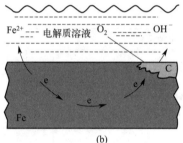

图 5-8　钢铁的电化学腐蚀示意图

（a）析氢腐蚀；（b）吸氧腐蚀

析氢腐蚀常发生在金属酸洗或金属容器盛装酸性物质时，此外工业地区空气中含有酸性气体（如 C、N、S 的氧化物）及大气湿度较高时也易发生析氢腐蚀。析氢腐蚀除了损坏金属外，还易导致"氢脆"（析出的 H_2 在金属中渗透从而影响其强度，使其性质变脆）现象发生。吸氧腐蚀常发生在中性或弱酸性介质中，计算结果发现 $\varphi_{O_2/OH^-} > \varphi_{H^+/H_2}$，这表明吸氧腐蚀比析氢腐蚀更为严重。

据统计，全球每年由于腐蚀而导致报废的金属材料和设备约为金属年产量的 20%～30%，因此研究金属的防腐是一项十分重要的工作。目前常见的防腐方法包括在金属表面覆盖保护层、缓蚀剂保护、钝化保护和电化学保护等。其中与电化学反应有关的金属防腐方法有以下三类：

① 牺牲阳极保护法：将电极电势较低的金属与被保护金属连接在一起，一旦形成微电池，电极电势低的金属作为阳极优先发生氧化反应，被保护金属作为阴极从而避免了腐蚀。例如在船体钢板上镶嵌锌块，用以保护船体免受腐蚀。

② 阴极电保护法：将被保护的金属连接在外加直流电源的负极上，使之成为阴极受保护；同时把直流电源的正极连接在废铁上，使之成为阳极受腐蚀。例如化工厂的一些管道和容器常采用这种方法防腐。

③ 阳极电保护法：把被保护的金属连接在外加直流电源的正极上，使之电势升高，金属"钝化"从而得到保护。

港珠澳大桥 120 年超长寿命如何实现？

2018 年 10 月 24 日上午 9 时，举世瞩目的港珠澳大桥正式通车。这座投资金额最高、建设周期最长、施工难度最大的桥梁界"珠穆朗玛峰"最终以 7 项世界之最、400 多项新专利的中国标准惊艳了全世界，被英国《卫报》称为"现代世界七大奇迹之一"。

港珠澳大桥的设计寿命长达 120 年，遥望一个多世纪后，这座宏伟的建筑将依然屹立在海湾之上，这样的质量是如何控制的呢？由中国科学院金属所自主研发的新型涂层和阴极保护联合防护技术在港珠澳大桥工程中发挥了至关重要的作用。针对大桥特定的海泥环境，课题小组通过调整涂层配方和改善涂装工艺，降低了涂层的吸水率和溶出率，有效提高了涂层的抗渗透能力，增强了涂层与金属的黏结强度。但仅仅依靠涂层防腐的防护手段想要实现 120 年超长耐久性的设计要求远远不够，还需要与阴极保护技术协同作用。为此，科研人员针对海泥的腐蚀环境和大桥的结构特点，重点攻关了钢管复合桩在灌入不同地质层后阴极保护面临的难题，采取巧妙的方法选取极端边界参数来推算保护效果，计算出土壤电阻率最大和最小两种情况下阴极保护的电位是否能达到保护要求，并将此作为类似工程阴极保护设计的一种手段，解决了复杂环境中的阴极保护设计问题。

港珠澳大桥的建设不仅体现了我国的综合国力和自主创新能力，还体现了一个国家逢山开路、遇水架桥的奋斗精神，更加体现了我国人民勇创世界一流的民族志气！

【课后习题】

（一）判断题

（1）电解池中通过 96486C 的电量时，恰好使 1mol 物质电解。（   ）

（2）离子独立运动定律不仅适用于弱电解质，也适用于强电解质。（   ）

（3）等温、等压条件下，$\Delta G > 0$ 的反应一定不能自发进行。（   ）

（4）当电流通过电解质溶液时，若正、负离子的迁移速率之比为 3：2，则正离子的迁移数是 0.667。（   ）

（5）当 H^+ 的浓度不等于 $1 mol \cdot L^{-1}$ 时，标准氢电极的电极电势也为零。（   ）

（6）就单个电极来说，阴极极化的结果是电极电势变得更负，而阳极极化的结果是电极电势变得更正。（　　）

（二）填空题

（1）当温度升高时，离子导体的导电能力_____（增加、不变或减小）。

（2）浓度为 b 的 AB 型电解质水溶液，其平均浓度 $b_{\pm}=$_____；若电解质为 A_2B 型，则平均浓度 $b_{\pm}=$_____；若电解质为 AB_3 型，则平均浓度 $b_{\pm}=$_____。

（3）若 $LaCl_3$ 溶液的质量摩尔浓度为 $0.228mol \cdot kg^{-1}$，则溶液的离子强度为_____。

（4）25℃时，质量摩尔浓度为 $0.02mol \cdot kg^{-1}$ 的 NaCl、$CaCl_2$ 和 $LaCl_3$ 三种电解质水溶液，平均离子活度因子最小的是_____。

（5）电池 $Zn(s)\,|\,ZnSO_4(aq)\,\|\,CuSO_4(aq)\,|\,Cu(s)$ 对外放电时锌电极是____极或____极，电池充电时铜电极是____极或____极。

（6）电解时，在阴极上最先放电的是极化后还原电极电势最_____者。

（7）在一块铁板上有一个锌制铆钉，在潮湿的空气中放置一段时间后，则_____先被腐蚀。

（8）25℃时，以石墨为阳极，铁为阴极，电解质是 $0.5mol \cdot L^{-1}$ 的 NaOH 水溶液，氢在铁上的超电势为 0.2V，则氢在铁上的析出电势为_____。

（三）选择题

（1）关于电解质溶液导电方式的描述不正确的是（　　）。

A. 依靠离子的迁移来完成导电　　　　　B. 导电能力随温度升高而增强

C. 导电能力随溶液浓度增大而减小　　　D. 溶液无限稀释时，摩尔电导率达到最大值

（2）在一定温度下，当弱电解质溶液的浓度增大时，其电导率将（　　）。

A. 增大　　　　B. 不变　　　　C. 减小　　　　D. 先增大后减小

（3）离子独立运动定律只适用于（　　）。

A. 弱电解质溶液　　　　　　　　　　　B. 强电解质溶液

C. 任意浓度的电解质溶液　　　　　　　D. 无限稀释的电解质溶液

（4）H_2SO_4 溶液的浓度从 $0.01mol \cdot kg^{-1}$ 增加到 $0.1mol \cdot kg^{-1}$，其电导率 κ 和摩尔电导率 Λ_m 将（　　）。

A. κ 减小，Λ_m 增大　　　　　　B. κ 增大，Λ_m 增大

C. κ 减小，Λ_m 减小　　　　　　D. κ 增大，Λ_m 减小

（5）当原电池放电，在外电路中有电流通过时，其电极的变化规律为（　　）。

A. 负极电势高于正极电势　　　　　　　B. 阳极电势高于阴极电势

C. 正极不可逆电势比可逆电势更负　　　D. 阳极不可逆电势比可逆电势更正

（6）若计算得出某电池反应的电动势为负值，表示此电池反应（　　）。

A. 正向进行　　　B. 逆向进行　　　C. 无法进行　　　D. 反应方向不确定

（7）储水铁箱上被腐蚀了一个洞，现将金属片焊接在洞外以堵漏，则为了延长铁箱的使用寿命，选用（　　）最好。

A. 铜片　　　　B. 铁片　　　　C. 锌片　　　　D. 镀锡铁片

（四）简答题

（1）电解质溶液的导电能力与哪些因素有关？在表示溶液的导电能力方面，已经有了电

导率的概念，为什么还要提出摩尔电导率的概念？

（2）为什么在电解池中负极为阴极，正极为阳极？而在原电池中负极为阳极，正极为阴极？

（3）什么是"无限稀释摩尔电导率"？既然溶液已经"无限稀释"，为何溶液还会导电？

（4）H_2SO_4、HNO_3、$NaOH$ 和 KOH 溶液的实际分解电压数据为何很接近？

（5）电解时正、负离子分别在阴、阳极放电，其放电的先后次序有什么规律？若采用电解的方法将不同金属离子分离，需要控制什么条件？

（五）计算题

（1）已知单质 $Au(s)$ 的摩尔质量为 197.0g · mol^{-1}，现将 0.025A 的直流电通入 $Au(NO_3)_3$ 溶液中，析出 1.20g $Au(s)$。试求：①需要通入的电量；②需要通电的时间；③阳极上放出 O_2 的物质的量。

（2）已知 25℃ 时，无限稀释溶液中的丙酸钠、硝酸钠和硝酸的摩尔电导率分别为 0.859×10^{-2} S · m^2 · mol^{-1}、1.2156×10^{-2} S · m^2 · mol^{-1} 和 4.2126×10^{-2} S · m^2 · mol^{-1}，试计算在无限稀释溶液中丙酸的摩尔电导率。

（3）已知 25℃ 时，$\varphi_{Sn^{2+}/Sn}^{\ominus} = -0.1362V$，$\varphi_{Pb^{2+}/Pb}^{\ominus} = -0.1262V$。现将 $Pb(s)$ 放入含有 $a(Sn^{2+}) = 1.0 mol · kg^{-1}$ 和 $a(Pb^{2+}) = 0.1 mol · kg^{-1}$ 的电解质溶液中，试判断能否置换出 Sn^{2+}。

模块六　界面化学

学习要求

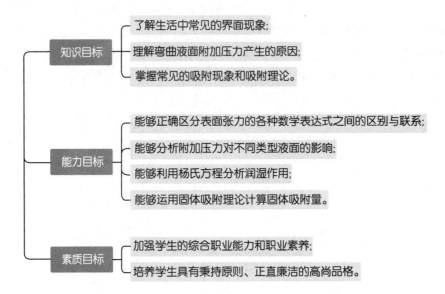

知识目标
- 了解生活中常见的界面现象;
- 理解弯曲液面附加压力产生的原因;
- 掌握常见的吸附现象和吸附理论。

能力目标
- 能够正确区分表面张力的各种数学表达式之间的区别与联系;
- 能够分析附加压力对不同类型液面的影响;
- 能够利用杨氏方程分析润湿作用;
- 能够运用固体吸附理论计算固体吸附量。

素质目标
- 加强学生的综合职业能力和职业素养;
- 培养学生具有秉持原则、正直廉洁的高尚品格。

　　界面科学是化学、物理、生物、材料等学科之间相互交叉和渗透的一门重要的边缘学科,是当代科学技术前沿领域的桥梁。通常人类用肉眼观察到的如山川、云雨、楼阁等都属于宏观界面;而自然界中还存在着大量的微观界面,例如生命活动中的大量过程都在细胞膜、生物膜等界面上进行。**界面化学**正是从分子或原子尺度上来探讨两相界面所发生的化学过程或某些物理过程。

　　密切接触的两相之间的过渡区（约几个分子的厚度）称为**界面**。气、液、固三种相态相互接触可以产生气-液、气-固、液-液、液-固和固-固五种界面。一般也把与气体接触的界面称为**表面**,如气-液界面常称为液体表面,气-固界面常称为固体表面。需要强调的是,界面并不是两相接触的几何面,它具有一定的厚度,厚度为纳米级。界面两侧的两相中,物质的物理性质和化学性质具有明显差异;在界面层内,物质的性质与其两侧的各相也不相同。

　　研究界面现象就是把相界面看成一个特殊的相,讨论它的结构、性质以及所产生的各种现象在生产和生活中的应用。

【基础篇】

一、界面现象的产生

产生界面现象的主要原因是物质界面层的分子与内部分子所处的环境不同。内部分子所受四周邻近相同分子的作用力是对称的，各个方向的力彼此抵消；而界面层的分子一方面受到体相内部相同物质分子的作用，另一方面受到性质不同的另一相中物质分子的作用，因此界面层的性质与体相内部不同。见图 6-1。

对于单组分系统，例如一种纯液体及其蒸气所形成的系统，这种差异性主要来自于同种物质在不同相中的密度不同；对于多组分系统，这种差异性则是由于界面层的组成与任一相的组成均不相同而引起的。

物质界面层的特性与系统的分散程度密切相关。分散程度增加，界面现象显著增强。因此研究界面层的特性，首先必须考虑物质的分散度。通常用比表面（A_0）表示多相分散系统的分散程度，其定义为：

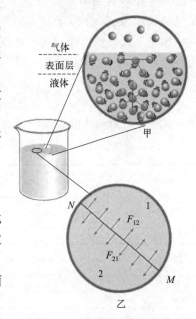

气体
表面层
液体

甲

N 1
F_{12}
F_{21}
2 M

乙

图 6-1 液体表面和内部分子
受力情况示意图

$$A_0 = \frac{A_s}{m}$$

式中，A_s 是物质的总表面积；m 为物质的质量。比表面是单位质量的物质所具有的表面积，其单位为 $m^2 \cdot g^{-1}$。

此外，比表面也可以用单位体积的物质所具有的表面积表示，其单位为 m^{-1}。

$$A_0 = \frac{A_s}{V}$$

对于一定质量（或体积）的物体，比表面的数值随物质的分散程度增加而迅速增大。见表 6-1。

表 6-1 $1m^3$ 的立方体在分割过程中表面性质的变化

边长/cm	立方体个数	总表面积 A_s/m^2	比表面A_0/m^{-1}	总表面能/J
1	1	6	6×10^2	0.44×10^{-4}
1×10^{-1}	1×10^3	6×10^1	6×10^3	0.44×10^{-3}
1×10^{-2}	1×10^6	6×10^2	6×10^4	0.44×10^{-2}
1×10^{-3}	1×10^9	6×10^3	6×10^5	0.44×10^{-1}
1×10^{-4}	1×10^{12}	6×10^4	6×10^6	0.44×10^0
1×10^{-5}	1×10^{15}	6×10^5	6×10^7	0.44×10^1
1×10^{-6}	1×10^{18}	6×10^6	6×10^8	0.44×10^2
1×10^{-7}	1×10^{21}	6×10^7	6×10^9	0.44×10^3
1×10^{-8}	1×10^{24}	6×10^8	6×10^{10}	0.44×10^4

二、表面张力

液体表面最基本的特性是趋向于收缩，我们把沿着液体表面垂直于单位长度上平行于液体表面的紧缩力称为表面张力，用符号 γ 表示，单位是 $N \cdot m^{-1}$。

如图 6-2 所示，将金属丝弯成一个 U 形框架，另一根金属丝附在框架上并可自由滑动，将此金属丝固定后使框架蘸上一层肥皂膜。若放松金属丝，液膜会自动收缩以减小表面积；从力学角度考虑，此时要想液膜维持不变，需要对自由滑动的金属丝施加适当的外力。若金属丝的长度为 l，作用于液膜单位长度上的紧缩力为 γ，则作用于金属丝的总作用力大小为 $F = 2\gamma l$，乘以 2 是因为液膜有正反两个表面，即

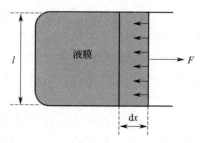

图 6-2　液膜的表面紧缩力

$$\gamma = \frac{F}{2l} \qquad (6\text{-}1)$$

式中，γ 为液体的表面张力；F 为作用于液膜上的平衡外力；l 为单面液膜的长度。

表 6-2　一些物质的表面张力

物质	表面张力 $\gamma / mN \cdot m^{-1}$	温度 T/K	物质	表面张力 $\gamma / mN \cdot m^{-1}$	温度 T/K
He	0.365	1	$KClO_3$	81	641
H_2	2.01	20	$NaNO_3$	116.6	581
N_2	9.41	75		486.5	293
O_2	16.48	77	Hg	485.5	298
苯	28.88	293		484.5	303
	27.56	303	Ag	878.5	1373
氯仿	26.67	298	Cu	1300	熔点
甲醇	22.50	293	Ti	1588	1950
乙醇	22.39	293	Pt	1800	熔点
	21.55	303	Fe	1880	熔点
辛烷	21.62	293	Hg-H_2O	415	293
庚烷	20.14	293		416	298
水	75.64	273	正丁醇-水	1.8	293
	72.88	293	乙酸乙酯-水	6.8	293
	71.97	298	苯甲醛-水	15.5	293
	58.85	373			

表 6-2 列出了一些常见物质的表面张力。从表中所列数据可以看出，表面张力与物质的本性有关。不同的物质，分子或原子之间的相互作用力越大，对应的表面张力也越大。通常原子之间具有金属键的物质表面张力最大，其次是具有离子键和极性共价键的物质，而以非极性共价键形成的物质表面张力最小。水分子之间由于存在氢键，所以也呈现出较大的表面张力。

此外，同种物质的表面张力因温度不同而异。升高温度，物质的体积膨胀，分子间距离增加，分子间作用力减弱，所以表面张力一般随温度的升高而减小。尤其是液体的表面张力，会出现随温度升高而呈线性下降的关系。当液体的温度接近临界温度时，饱和液体与饱和蒸气的性质趋于一致，相界面消失，此时液体的表面张力几乎为零。

安东诺夫（Antonoff）发现两种液体之间的表面张力等于这两种液体互相饱和时，二者

的表面张力之差，这个经验规律称为**安东诺夫规则**。

$$\gamma_{1\leftrightarrow 2}=\gamma_1-\gamma_2$$

三、表面功

我们也可以从另一个角度来理解表面张力。总的来说，表面层中的分子始终受到垂直指向液体内部的拉力，因而液体表面都有自动缩小的趋势。由于体积一定的几何体中球形的表面积最小，因此液滴总是趋向于形成球状。如果想要扩大液体表面，即将一部分分子从液体内部移到液体表面上来，就必须要克服液体内部的拉力而消耗功。我们把在这一过程中环境对系统所做的非体积功称为表面功。如图 6-2 所示，若想使液膜的面积增大 dA_s，则需要抵抗力 F 使金属丝向右移动 dx 距离而做表面功，用符号 W'_r 表示。当可逆过程中忽略摩擦力的存在时，环境对系统所做的表面功为：

$$\delta W'_r = F dx = 2\gamma l dx = \gamma dA_s \tag{6-2}$$

其中 $dA_s = 2l dx$ 为液膜在得到 $\delta W'_r$ 后增大的表面积。

式(6-2)也可改写为

$$\gamma = \frac{\delta W'_r}{dA_s} \tag{6-3}$$

换言之，表面张力 γ 也表示在等温、等压、组成不变的可逆过程中，增加单位表面积时环境对系统所做的表面功，此时表面张力 γ 的单位为 $J \cdot m^{-2}$。

四、表面 Gibbs 函数

之前我们已经学习过，系统在等温、等压、组成不变的可逆过程中所做的非体积功在数值上等于 Gibbs 函数的变化值，故式(6-3)还可以表示为

$$\gamma = \frac{\delta W'_r}{dA_s} = \left(\frac{\partial G}{\partial A_s}\right)_{T,p,n_B} \tag{6-4}$$

表面张力 γ 的这一表达式说明，系统表面扩展后，表面功即转化为表面分子的势能，这就意味着系统的表面分子比内部分子具有更高的能量。在实际生产中，当液体或固体被高度分散后其表面能相当可观。例如，固体粉尘爆炸就是由于表面能过高而导致系统处于极不稳定的状态所致。

综上所述，表面张力 γ 为垂直作用于单位长度上平行于液体表面的紧缩力；又等于增加液体的单位表面积所需做的可逆非体积功（即表面功）；还等于增加液体单位表面积时，系统 Gibbs 函数的改变值（即表面 Gibbs 函数）。换言之，表面张力、表面功和表面 Gibbs 函数三者虽为不同的物理量，但它们的数值和量纲是相同的，即 $1N \cdot m^{-1} = 1J \cdot m^{-2}$。

五、弯曲液面的性质

1. 弯曲液面的附加压力——拉普拉斯方程

静止液体的表面一般是一个平面，但在某些特殊情况下（如滴定管中的液面、空气中的雨滴、水中的气泡等）则是一个弯曲表面。由于表面张力的存在，总是力图收缩液体的表面积，这就造成弯曲液面的界面上承受着一定的附加压力，如图 6-3 所示。

弯曲液面分两种：一种是凸液面，如气体中的液滴；另一种是凹液面，如液体中的气

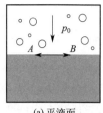

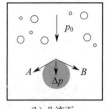
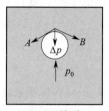

(a) 平液面　　　　　　　(b) 凸液面　　　　　　　(c) 凹液面

图 6-3　弯曲液面下的附加压力示意图

泡。由于表面张力的作用，在弯曲液面两侧形成的气、液相之间的压强差就称为**弯曲液面的附加压力**，用 Δp 表示。

观察液面上的任一小块面积 AB。对于平液面，则作用于界面的力 f 也是水平的，当平衡时沿周界的表面作用力互相抵消，此时液体表面内、外的压力相等（均为外压力 p_0），即附加压力 Δp 等于零。如果液面是弯曲的，则沿 AB 周界上的表面作用力 f 不是水平的，其方向分别如图 6-3(b) 和图 6-3(c) 所示。当液面为凸形时，AB 曲面好像紧绷在液体上，使它受到一个指向液体内部的合力；因此当曲面保持平衡时，界面内侧的液体分子所受的压力必然大于外部的压力。而当液面为凹形时，AB 曲面好像要被拉出液面，此时合力的方向指向液体外部；故当曲面保持平衡时，液体内部受到的压力明显小于外部压力。于是我们定义弯曲液面的附加压力表达式为

$$\Delta p = p_内 - p_外 \tag{6-5}$$

由于凹面一侧的压力总是大于凸面一侧的压力，这样定义的 Δp 始终为一正值。

综上所述，由于表面张力的作用，弯曲液面下的液体与平液面下的液体不同，它受到一个附加压力 Δp，附加压力的方向始终指向曲面的圆心。附加压力 Δp 与表面张力 γ 之间的关系为

$$\Delta p = \frac{2\gamma}{r} \tag{6-6}$$

式(6-6) 称为拉普拉斯（Laplace）方程，该方程表明弯曲液面的附加压力与液体的表面张力 γ 成正比，与曲率半径 r 成反比。由拉普拉斯方程可知：

① 对于水平液面，曲率半径 $r \to \infty$，附加压力 $\Delta p \to 0$。

② 对于凸液面，曲率半径 $r > 0$，附加压力 $\Delta p > 0$，与 $p_外$ 方向一致。

③ 对于凹液面，曲率半径 $r < 0$，附加压力 $\Delta p < 0$，与 $p_外$ 方向相反。

在理解了弯曲液面产生附加压力的大小与方向的关系之后就可以解释一些自然现象。例如自由液滴通常呈球形，这是因为当液滴具有不规则形状时，其表面不同部位的弯曲方向和曲率半径不同，所产生的附加压力方向和大小也不同。即凸面处的附加压力指向液体内部，而凹面处的附加压力指向相反的方向，这种不平衡的作用力必将迫使液滴呈现球形。因为只有在球面上各点的曲率半径才相同，各处的附加压力也相同，此时液滴才会具有稳定的形状。另外当物质的体积相同时，球形的表面积最小，故而球形的表面吉布斯函数最低，所以形成球状才是最稳定的。自由液滴如此，分散在水中的油滴或气泡也是如此。

将毛细管插入液体中，由于附加压力而引起管内外液面形成高度差的现象称为**毛细现象**，毛细现象是证明表面张力存在的一个典型例子。如图 6-4 所示，如果液体不能润湿毛细管（如玻璃管插入汞中），则液面下降呈凸面；反之若液体能够润湿毛细管（如玻璃管插入

水中），则液面上升呈凹面。

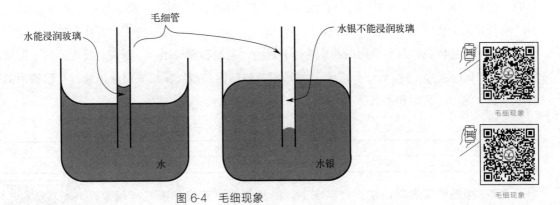

图 6-4　毛细现象

毛细管内液柱下降（或上升）的高度 h 可近似用以下公式计算

$$\Delta p = \frac{2\gamma}{r} = \Delta\rho g h$$

式中 $\Delta\rho = \rho_1 - \rho_g$，通常 $\rho_1 \gg \rho_g$，则上式可近似表示为

$$h = \frac{2\gamma\cos\theta}{r\rho_1 g} \tag{6-7}$$

由上述讨论可知，表面张力的存在是弯曲液面产生附加压力的根本原因，而毛细现象则是弯曲液面具有附加压力的必然结果。掌握了这些知识，有利于我们对表面效应的深入理解。例如在土壤中存在许多毛细管，水在其中呈凹形液面。天旱时农民常常采用锄地的方式来保持土壤的水分。这是由于锄地切断了地表土壤间隙（即毛细管），可有效防止土壤水分沿毛细管上升而蒸发。

护士给病人注射各种针剂药物时，一定要设法除去液体药剂中的小气泡。因为血液中一旦混入小气泡，它在血管中产生的弯曲液面附加压力 Δp 与血液流动方向相反，就会阻止血液流动。当外部稍加压力时，气泡两边弯曲液面的曲率半径不相等，还会产生阻止血液流动的阻力。只有当外加压力达到一定程度时，血液才能开始流动。这就是"气塞"现象。20世纪初，当第一批远洋巨轮下水试航 12h 后，人们发现螺旋桨变得千疮百孔，无法继续使用了。这是因为当螺旋桨在水中高速旋转时，产生了无数曲率半径极小的气泡，气泡液膜内产生极大的附加压力，该附加压力的方向指向气泡的曲率中心。在这个附加压力的作用下，气泡的液膜将以极大的速率收缩和破裂，产生的巨大冲击力作用于机件时，就会导致其受损报废。这就是"气蚀"现象。

2. 微小液滴的饱和蒸气压——开尔文方程

前面已经学习过，在一定的温度和外压下，纯液体都有确定的饱和蒸气压，这里是对平面液体而言。实验表明，微小液滴上方的饱和蒸气压要高于相应平液面上的蒸气压，这不仅与物质的本性、温度和外压有关，还与液滴的大小（即曲率半径）有关。

若一定温度下水平液面的饱和蒸气压为 p^*，曲率半径为 r 的小液滴的饱和蒸气压为 p_r^*，经热力学推导可以得出如下结果

$$RT\ln\frac{p_r^*}{p^*} = \frac{2\gamma M}{\rho r} \tag{6-8}$$

式(6-8) 称为开尔文方程，式中 ρ 为液体的密度，M 为液体的摩尔质量。对于在一定温度下的某种液态物质而言，式中的 p^*、γ、ρ 和 M 皆为定值，此时 p_r^* 只是与 r 有关的函数。

由开尔文方程可知，对于凸液面，$r>0$，$\ln(p_r^*/p^*)>0$，$p_r^*>p^*$，即凸面液体的饱和蒸气压比平面液体高；且凸液面的曲率半径 r 越小，其饱和蒸气压 p_r^* 越高。反之，对于凹液面，$r<0$，$\ln(p_r^*/p^*)<0$，$p_r^*<p^*$，即凹面液体的饱和蒸气压比平面液体低；且凹液面的曲率半径 r 越小，其饱和蒸气压 p_r^* 越低。

表 6-3　液滴的曲率半径与饱和蒸气压的关系

曲率半径 r/nm	10^{-5}	10^{-6}	10^{-7}	10^{-8}	10^{-9}
p_r^*/p^*	1.0001	1.001	1.011	1.114	2.937

表 6-3 中的数据表明，在一定温度下，液滴越小，其饱和蒸气压越大；当液滴的半径减小到 10^{-9} m 时，其饱和蒸气压几乎为平液面的 3 倍。

亚稳状态是热力学的不稳定状态，主要包括过冷液体、过热液体、过饱和蒸气和过饱和溶液四种现象。亚稳状态能够自发地转变为热力学稳定状态，在这一变化中必然会产生新的稳定相态。低于凝固点而仍未凝固的液体称为**过冷液体**。若过冷液体受到扰动、有尘屑侵入或加入晶体种子时就会突然结晶，同时放出凝固热，从而使温度上升至液体的凝固点。在一定压力下，高于沸点而未沸腾的液体称为**过热液体**。为了防止液体的过热现象，常向液体中加入沸石、碎瓷片等多孔性固体，加热时将储存在这些物质中的气体释放出来，作为产生新相的汽相种子，从而避免暴沸现象的产生。在一定温度下，超过饱和蒸气应有的密度而仍不液化的蒸气称为**过饱和蒸气**。这种现象的出现是由于蒸气中缺少作为凝结中心的粒子，如果出现凝结核（如尘埃、带电粒子等），则过饱和蒸气就会部分液化回到饱和状态。在一定温度下，溶质浓度高于正常溶解度而不结晶的溶液称为**过饱和溶液**。搅拌或震动溶液、摩擦容器器壁、投入固体"晶种"等均会使溶液中过量的溶质马上结晶析出。

过冷液体

过冷液体

过冷液体

过热液体

过饱和溶液

【提升篇】

一、液-固界面的特性——润湿

润湿是指当液体接触固体时，原有的气-固界面自动被液-固界面所代替的现象。润湿是生产和生活中最常见的现象之一，如洗涤、印染、焊接、润滑、选矿等都离不开润湿作用。根据润湿程度的不同，可将润湿过程分为三类：即沾湿、浸湿和铺展。见图 6-5。

1. 润湿过程的类型

（1）沾湿过程

沾湿是指液体与固体从不接触到接触，使部分气-液界面和气-固界面转变成新的液-固界面的过程。

设界面都是单位面积，沾湿过程的 Gibbs 函数变化值为：

$$\Delta G = \gamma_{l\text{-}s} - \gamma_{g\text{-}l} - \gamma_{g\text{-}s} = W_a \tag{6-9}$$

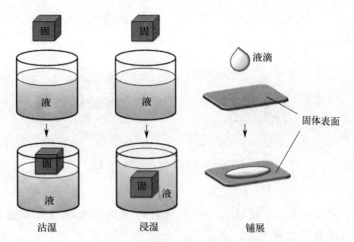

固   固   液滴

液   液   固体表面

↓   ↓   ↓

固   液
液   固

沾湿   浸湿   铺展

图 6-5   液体在固体上的润湿过程

式中 W_a 为沾湿功，它是液-固沾湿过程中系统对外所做的最大功。W_a 的绝对值越大，液体越容易沾湿固体，界面粘得越牢。农药喷雾能否有效附着在植物枝叶上，雨滴会不会附着在衣服上，都与沾湿过程能否自动进行有关。

（2）浸湿过程

浸湿是指固体浸入液体形成液-固界面的过程，在此过程中气-固界面完全被液-固界面所替代，而气-液界面没有变化。

设界面都是单位面积，浸湿过程的 Gibbs 函数变化值为：

$$\Delta G = \gamma_{l\text{-}s} - \gamma_{g\text{-}s} = W_i \tag{6-10}$$

式中 W_i 为浸湿功，它反映了液体在固体表面上取代气体的能力。

（3）铺展过程

铺展是少量液体在固体表面自动展开形成一层薄膜的过程。在此过程中，液-固界面取代气-固界面，同时又增加了气-液界面。

设界面都是单位面积，铺展过程的 Gibbs 函数变化值为：

$$\Delta G = \gamma_{l\text{-}s} + \gamma_{g\text{-}l} - \gamma_{g\text{-}s} = -S \tag{6-11}$$

式中 S 为铺展系数，当 $S \geqslant 0$ 时液体可以在固体表面上自动铺展。在农业生产中，使用农药喷雾时不仅要求农药能附着在枝叶上，而且要求能自动铺展，且覆盖面积越大越好。

2. 润湿方程

当一个液滴在固体表面上不完全展开，在气、液、固三相的汇合点处，液-固界面的水平线与气-液界面的切线之间通过液体内部夹角称为接触角，用符号 θ 表示。见图 6-6。

当液滴在固体表面呈平衡状态时，则气、液、固三相的汇合点处必有：

$$\gamma_{g\text{-}s} = \gamma_{l\text{-}s} + \gamma_{g\text{-}l}\cos\theta$$

或

$$\cos\theta = \frac{\gamma_{g\text{-}s} - \gamma_{l\text{-}s}}{\gamma_{g\text{-}l}} \tag{6-12}$$

式（6-12）称为杨氏方程。

若 $\gamma_{g\text{-}s} - \gamma_{l\text{-}s} = \gamma_{g\text{-}l}$，则 $\cos\theta = 1$，此时 $\theta = 0°$，这是完全润湿的情况。

若 $\gamma_{g\text{-}s} - \gamma_{l\text{-}s} < \gamma_{g\text{-}l}$，则 $0 < \cos\theta < 1$，此时 $\theta < 90°$，此种情况为润湿（如水滴在洁净的玻

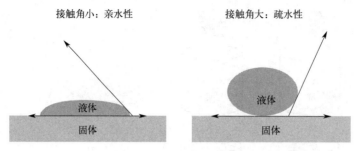

接触角小：亲水性   接触角大：疏水性

图 6-6　液滴形状与接触角

璃表面）。

若 $\gamma_{g\text{-}s} < \gamma_{l\text{-}s}$，则 $\cos\theta < 0$，此时 $\theta > 90°$，此种情况为不润湿（如汞滴在洁净的玻璃表面）；当 $\theta = 180°$ 时则为完全不润湿。

固体表面的润湿性能与其结构有关。能被液体所润湿的固体称为亲液性固体，如玻璃、石英、硫酸盐等；不能被液体所润湿的固体称为憎液性固体，如石蜡、石墨等。

二、固体表面的特性——吸附

固体表面通常不是理想的晶面（图 6-7），而具有各种缺陷（如平台、台阶、台阶拐弯处的扭折、错位等）。因此固体表面与液体表面有一个重要的共同点——表面层质点受力不对称，这就造成固体表面具有过剩的表面吉布斯函数。但固体表面又与液体表面有一个重要区别，即固体表面上的分子几乎是不可移动的，这就使得固体不能像液体那样通过收缩表面来降低表面吉布斯函数，只能从外部吸引气体（或液体）分子到表面，以减小表面分子受力的不对称程度，从而降低固体表面的吉布斯函数。

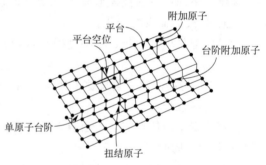

图 6-7　固体的表面结构

之前已经学习过，吉布斯函数降低的过程属于自发过程，所以固体表面会自发地将气体（或液体）富集到其表面，使气体（或液体）在固体表面的浓度不同于其体相中的浓度。我们把这种在相界面上某种物质的浓度不同于体相浓度的现象称为**吸附**。具有吸附能力的固体称为**吸附剂**，吸附剂往往具有较大的比表面和一定的吸附选择性；而被吸附的气体（或液体）则称为**吸附质**。例如，用活性炭吸附甲醛气体，活性炭就是吸附剂，甲醛是吸附质。需要注意的是，吸附属于表面效应，即固体吸附气体（或液体）后，吸附质只停留在固体表面，并不进入到固体内部；若吸附质进入到固体内部，则称为吸收。

1. 吸附现象的分类

根据固体表面分子对吸附质分子作用力的不同，吸附现象可分为物理吸附和化学吸附两种类型（表 6-4）。通常将固体表面与吸附质之间以范德华力相互作用而产生的吸附称为**物理吸附**；而将固体表面分子与吸附质之间由于化学键的作用而产生的吸附称为**化学吸附**。

表 6-4　物理吸附与化学吸附的区别

吸附类型	物理吸附	化学吸附
吸附力	范德华力	化学键力
吸附选择性	无	有
吸附热	较小（$<40kJ \cdot mol^{-1}$）	较大（$40\sim400kJ \cdot mol^{-1}$）
吸附层	单分子层或多分子层	单分子层
吸附稳定性	不稳定，易解吸	比较稳定，不易解吸
吸附速率	较快，几乎不受温度影响	较慢，升高温度速率明显加快
吸附平衡	易达到	不易达到

　　物理吸附和化学吸附不是截然分开的，二者往往同时发生。例如，氧在金属钨表面的吸附同时具有三种情况：①有的氧是以原子状态被吸附的，这是纯粹的化学吸附；②有的氧是以分子状态被吸附的，这是纯粹的物理吸附；③还有一些氧是以分子状态被吸附在氧原子上面，形成多层吸附。此外，在不同温度下，起主导作用的吸附类型也可能会发生变化。如CO(g)在金属 Pd 上的吸附，低温下主要以物理吸附为主，高温下则表现为化学吸附。

2. 固体吸附理论

　　下面我们以气体在固体表面的吸附为例，来讨论吸附过程的特点。

　　在常见的气-固吸附系统中，同时存在着两个相反的过程：一方面气体分子在表面力场的作用下在吸附剂表面聚集，这一过程称为吸附；另一方面由于热运动的作用，已吸附的气体分子会逃离吸附剂表面，这个过程称为解吸。吸附和解吸互为逆过程，当这两个过程的速率相等时，即系统达到吸附平衡状态。显然吸附平衡与化学平衡类似，也是一个动态平衡。

　　研究指定条件下的吸附量是人们十分关心的问题。**平衡吸附量**是指在一定的温度、压力下，当气体在固体表面达到吸附-解吸平衡时，单位质量的吸附剂所吸附气体的体积 V 或物质的量 n，常用符号 Γ 表示，即

$$\Gamma = \frac{V}{m} \quad 或 \quad \Gamma = \frac{n}{m} \tag{6-13}$$

　　（1）经验吸附等温式——弗罗因德利希方程

　　弗罗因德利希（Freundlich）在进行大量实践的基础上，总结出吸附的经验公式：

$$\Gamma = kp^{\frac{1}{n}} \quad 或 \quad \lg\Gamma = \lg k + \frac{1}{n}\lg p \tag{6-14}$$

　　式(6-14) 中，p 为气体的平衡压力，k 和 n 是与温度、吸附剂和吸附质种类有关的常数。弗罗因德利希方程适用于物理吸附和化学吸附的中压范围，所得结果能很好地与实验数据符合，例如 $p \leqslant 13.33kPa$ 时 CO 在活性炭上的吸附及中压时 NH_3 在木炭上的吸附等均符合该吸附等温式。

　　（2）单分子层吸附等温式——朗缪尔方程

　　1916 年，朗缪尔（Langmuir）在研究低压条件下气体在金属表面的吸附时，根据大量实验数据提出固体对气体的吸附理论，一般称为单分子层吸附理论，其基本假设为：

① 固体表面各处的吸附能力相同，吸附热为常数，不随覆盖程度的大小而变化。

② 只有当气体分子碰撞到固体的空白表面上才有可能被吸附，所以固体表面的吸附量有限。

③ 被吸附在固体表面的气体分子相互之间无作用力，即气体的吸附和解吸与其周围存在的被吸附分子无关。

④ 吸附平衡是动态平衡。

设一定温度下，θ 为固体表面的覆盖率，则 $1-\theta$ 表示固体表面的空白率，当达到吸附-解吸的动态平衡时，有

$$k_1 p (1-\theta) = k_{-1}\theta$$

则

$$\theta = \frac{k_1 p}{k_{-1} + k_1 p}$$

令 $b = k_1/k_{-1}$，代入上式，可得

$$\theta = \frac{bp}{1+bp} \tag{6-15}$$

式(6-15) 称为朗缪尔吸附等温式。式中 b 为吸附平衡常数，b 的数值越大，表示固体表面对气体的吸附能力越强。

若以 Γ_∞ 表示固体吸附剂表面的饱和吸附量，Γ 表示固体吸附剂表面的平衡吸附量，则固体表面的覆盖率 θ 为

$$\theta = \frac{\Gamma}{\Gamma_\infty}$$

代入式(6-15)，整理后可得

$$\Gamma = \Gamma_\infty \frac{bp}{1+bp} \tag{6-16}$$

朗缪尔方程所反映的吸附量与气体压力间的关系为：

① 当压力 p 足够低或吸附很弱时，$bp \ll 1$，此时 $\Gamma = \Gamma_\infty \times bp$，表明平衡吸附量 Γ 与吸附气体压力 p 成正比。

② 当压力 p 足够高或吸附很强时，$bp \gg 1$，此时 $\Gamma \approx \Gamma_\infty$，表明平衡吸附量 Γ 为一常数，不随吸附气体压力 p 而变化，这反映出单分子层吸附达到饱和的极限情况。

③ 当压力 p 适中或吸附中等强度时，$\Gamma = \Gamma_\infty \times bp^n (0 < n < 1)$，表明平衡吸附量 Γ 与吸附气体压力 p 呈曲线关系。

图 6-8 为朗缪尔吸附等温线。

朗缪尔方程是一个理想的吸附公式，它代表了在均匀表面上，吸附分子彼此没有相互作用，而且吸附是单分子层情况下达到吸附-解吸动态平衡时的规律。人们往往以朗缪尔方程作为一个基本公式，先找出理想吸附的规律性，然后再针对具体系统对这些规律予以修正或补充。

（3）多分子层吸附等温式——BET 方程

由于大多数固体对气体往往发生的是多分子层吸附（图 6-9），1938 年布鲁诺尔（Brunauer）、埃米特（Emmett）和特勒（Teller）三人在单分子层吸附理论的基础上，提出了多分子层吸附理论，简称为 BET 吸附理论，其基本假设为：

p——吸附平衡时的压力

p_s——被吸附物质在该温度下的饱和蒸气压

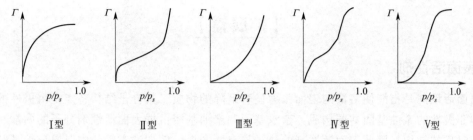

图 6-8 朗缪尔吸附等温线

① 在物理吸附中，吸附质与吸附剂以及吸附剂自身之间都存在范德华力；这表示被固体表面所吸附的气体分子可以继续吸附气相中的其他分子，呈多分子层吸附状态。

② 固体表面是均匀的，多分子层吸附中，各层之间都存在着吸附平衡；因此被吸附的气体分子解吸时不受同一层其他分子的影响。

③ 同一层被吸附的气体分子之间无相互作用力。

④ 除第一层吸附外，其余各层的吸附热均相同，接近于被吸附气体的液化热。

⑤ 当达到吸附平衡时，气体的总吸附量等于各层吸附量之和。

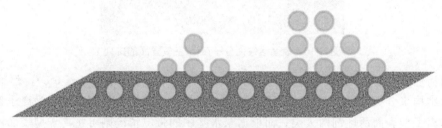

图 6-9 多分子层吸附示意图

基于以上假设，可以证明多分子层吸附在等温条件下具有以下关系：

$$\Gamma = \Gamma_\infty \times \frac{Cp}{(p^* - p)\left[1 + (C-1)\dfrac{p}{p^*}\right]} \tag{6-17}$$

式中，p 为被吸附气体的压力；p^* 为实验温度下被吸附气体呈液态时的饱和蒸气压，p/p^* 称为吸附比压；C 为与吸附热有关的常数。

在推导 BET 方程时，曾假定吸附层数可以无限增加。设固体表面最多只能吸附 n 层，则可以得到包含三个常数的计算公式为

$$\Gamma = \Gamma_\infty \times \frac{Cp}{(p^* - p)} \times \left[\frac{1 - (n+1)\left(\dfrac{p}{p^*}\right)^n + n\left(\dfrac{p}{p^*}\right)^{n+1}}{1 + (C-1)\left(\dfrac{p}{p^*}\right) - C\left(\dfrac{p}{p^*}\right)^{n+1}}\right] \tag{6-18}$$

式(6-18) 中，如果 $n=1$ 即为单分子层吸附，可简化为朗缪尔方程；如果 $n \to \infty$ 即吸附层可以无限增多。严格来说，BET 方程通常只适用于吸附比压在 $0.05 \sim 0.35$ 之间的多层吸附。

BET 方程主要应用于测定固体的比表面（即 1g 吸附剂的表面积）。对于固体催化剂而

言，比表面的数据非常重要。例如在石油炼制过程中，尽管使用了相同成分的催化剂，但由于催化剂的比表面和孔结构不同，就可导致油品的产品质量产生极大差别。

【扩展篇】

一、表面活性剂

表面活性剂是指能使溶液的表面张力显著下降的物质。其分子结构特点是由极性的亲水基团和非极性的亲油基团共同构成，亲水基团和亲油基团占据表面活性剂分子的两端，形成一种不对称的结构，因此表面活性剂的分子具有两亲性。例如洗衣粉的主要成分烷基苯磺酸钠，它的亲油基团是烷基，而亲水基团是磺酸钠。在水溶液中表面活性剂的亲水基团受到极性较强的水分子吸引深入水中，而亲油基团则有伸出水面钻入气相的趋势，如图 6-10 所示。

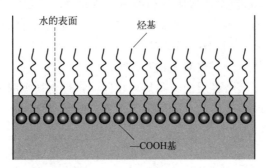

图 6-10　表面活性剂分子在水-空气界面的排列

表面活性剂可以从用途、物理性质或化学性质等方面进行分类（表 6-5），但通常是根据其化学结构来分类：以表面活性物质的极性基团是否为离子为依据，可分为离子型表面活性剂和非离子型表面活性剂两大类；而根据亲水基团的带电情况则可将离子型表面活性剂进一步分为阳离子型、阴离子型和两性离子型表面活性剂。

表 6-5　表面活性物质的分类

类别		举例
离子型表面活性物质	阳离子型	氯化三甲基十二烷基铵 $[C_{12}H_{25}N(CH_3)_3]^+Cl^-$
	阴离子型	十二烷基苯磺酸钠 $CH_3(CH_2)_{11}C_6H_4OSO_3^-Na^+$
	两性离子型	二甲基十二烷基甜菜碱 $C_{12}H_{25}N^+(CH_3)_2CH_2COO^-$
非离子型表面活性物质	—	聚氧乙烯烷基醚 $C_{12}H_{25}O(CH_2CH_2O)_{16}H$

表面活性物质种类繁多，应用广泛。对于一个指定的系统，如何选择最合适的表面活性物质才可达到预期的效果，目前还缺乏理论指导。为解决表面活性剂的选择问题，许多工作者曾提出不少方案，比较成功的是 1945 年格里菲（Griffin）提出的使用亲水亲油平衡值（HLB 值）来比较各种表面活性剂的亲水性：

$$HLB = \frac{亲水基团的摩尔质量}{表面活性剂的摩尔质量} \times 20$$

表面活性物质的 HLB 值是个相对值。通常人为规定不含亲水基团的石蜡其 HLB 值为 0，完全是亲水基团的聚乙二醇其 HLB 值为 20，因此其他非离子型表面活性物质的 HLB 值介于 0～20 之间。显然，HLB 值越大，表示亲水性越强；反之，HLB 值越小，则表示亲油性越强。见表 6-6。

表 6-6 HLB 值与表面活性物质的用途

HLB 值	用途	HLB 值	用途
2~3	消泡剂	12~15	润湿剂
3~6	W/O 型乳化剂	13~15	洗涤剂
7~18	O/W 型乳化剂	15~18	增溶剂

表面活性剂具有润湿、渗透、增溶、分散、乳化、助悬、洗涤、去污、起泡、消泡等多方面功能，在日常生活和工业生产中具有非常重要的作用，现已被广泛用于石油、纺织、农药、医药、采矿、食品、日用洗涤等领域。

二、表面膜

1765 年富兰克林（Franklin）在约 2000m^2 的池塘水面上倒入约 4mL 的植物油，他发现植物油在水面上铺展开形成了厚度约为 2.5nm 的很薄的油层，这一厚度与油分子的伸展长度相当。此后，波克尔斯（Pockels）和瑞利（Rayleigh）进一步研究发现某些难溶物质铺展在液体表面上所形成的膜，确实约为一个分子的厚度，因此这种膜被称为**单分子表面膜**。

制备单分子表面膜的方法，通常是把成膜材料溶于某种溶剂制成铺展溶液，再将此溶液均匀地滴加在底液上使之铺展，然后经挥发除去溶剂后就会在底液表面形成极性基团朝向水、非极性基团指向空气呈定向排列的单分子表面膜。这种不溶性单分子表面膜在生物化学领域具有广泛的应用，如测定蛋白质的分子量、抑制干旱地区水分蒸发、水坑灭蚊、表面膜反应等。

素质阅读

出淤泥而不染——荷叶的自清洁效应

予独爱莲之出淤泥而不染，濯清涟而不妖，中通外直，不蔓不枝，香远益清，亭亭净植，可远观而不可亵玩焉。

——周敦颐《爱莲说》

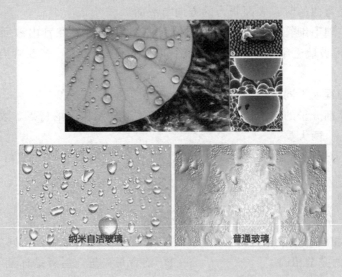

古人很久以前就发现了荷叶"出淤泥而不染"的特性，水滴总是聚集在叶子的中央凹陷处，当水珠滚动流淌下来时会带走荷叶表面的污物，这种自清洁现象被称为荷叶效应。20 世纪 90 年代，德国科学家 W. Barthlott 和 C. Neinhuis 对以荷叶为代表的数百种植物叶片进行了研究，他们发现在荷叶表层微米级的乳突结构上还存在着更加细微的纳米级分支结构，该复合结构高效地阻止了水滴向下一层结构浸润，这是造成荷叶表面具有超疏水自清洁效应的关键。2001 年，英国皮尔金顿公司利用生物仿生学，首次研发生产出一种具有光催化自清洁能力的"神器"——TiO_2 光催化自清洁玻璃，这是一种集环保、节省劳动力、降低作业危险于一身的新型玻璃，具有广阔的市场前景。

【课后习题】

（一）判断题

（1）对大多数液体来说，当温度升高时，表面张力升高。（   ）

（2）等温等压下，凡能使系统表面 Gibbs 函数降低的过程都是自发过程。（   ）

（3）液体表面张力的方向总是与液面相垂直。（   ）

（4）液体的表面张力与表面 Gibbs 函数的符号相同，所以其物理意义也相同。（   ）

（5）弯曲液面的饱和蒸气压总是大于同温度下平液面的饱和蒸气压。（   ）

（6）一定温度下，水中大气泡比小气泡更难形成。（   ）

（7）单分子层吸附只能是化学吸附，多分子层吸附只能是物理吸附。（   ）

（8）表面活性物质是那些加入到溶液中可以降低溶液表面张力的物质。（   ）

（二）填空题

（1）液体表面层的分子总是受到指向_____的力，而表面张力则是_____。

（2）若空气中有一球形肥皂泡，其半径为 r_1，则肥皂泡内外的压力差 $\Delta p_1 =$ _____；若肥皂水中有一球形肥皂泡，其半径为 r_2，则肥皂泡内外的压力差 $\Delta p_2 =$ _____。

（3）当液面是弯曲的时，表面张力的方向与液面_____。

（4）将一根玻璃毛细管插入水中，管内液面将_____，若在管内液面处加热，则液面将_____；将一根玻璃毛细管插入水银中，管内液面将_____，若在管内液面处加热，则液面将_____。

（5）根据润湿程度不同可分为三类，即：_____、_____ 和_____。

（6）表面活性剂分子的结构特点是_____，依据分子结构上的特点，表面活性剂大致可分为_____和_____两大类。

（7）HLB 称为表面活性剂的_____，根据它的数值可以判断其适宜的用途。

（三）选择题

（1）对于同一系统的表面张力和表面 Gibbs 函数，它们之间的关系为（   ）。

A. 物理意义相同，数值相同　　　　　　B. 物理意义相同，单位不同

C. 量纲和单位完全相同　　　　　　　　D. 前者是矢量，后者是标量

（2）在一个密闭的容器中，有大小不同的两个水珠，长期放置后会出现（   ）的现象。

A. 大水珠变大，小水珠变小　　　　B. 大水珠、小水珠均变大

C. 大水珠变小，小水珠变大　　　　D. 大水珠、小水珠均变小

（3）处于平衡态的液体，下列叙述错误的是（　　　）。

A. 凸液面内部分子所受压力大于外部压力

B. 水平液面内部分子所受压力大于外部压力

C. 凹液面内部分子所受压力小于外部压力

D. 水平液面内部分子所受压力等于外部压力

（4）一根玻璃毛细管分别插入 25℃ 和 75℃ 的水中，则毛细管中的水在两种不同温度的水中上升的高度（　　　）。

A. 相同　　　　　　　　　　　　B. 75℃水中高于 25℃水中

C. 25℃水中高于 75℃水中　　　　D. 无法确定

（5）将一根毛细管插入水中，液面上升的高度为 h；若向水中加入少量 NaCl，毛细管中液面的高度将（　　　）。

A. 等于 h　　　　B. 大于 h　　　　C. 小于 h　　　　D. 无法确定

（6）固体表面能被某种液体润湿，其相应的接触角（　　　）。

A. $\theta = 180°$　　　　B. $\theta > 90°$　　　　C. $\theta < 90°$　　　　D. θ 可为任意角

（7）氧气在某种固体表面的吸附，400K 下进行得较慢，350K 下进行得更慢，则该吸附过程主要是（　　　）。

A. 物理吸附　　　　　　　　　　B. 化学吸附

C. 物理吸附和化学吸附　　　　　D. 无法确定

（四）简答题

（1）比表面有哪几种表示方法？表面张力与表面 Gibbs 函数有哪些异同点？

（2）为什么有机蒸馏时加入沸石能防止暴沸？

（3）锄地保墒的基本原理是什么？

（4）人工降雨的原理是什么？

（5）两块平板玻璃在干燥时叠放在一起很容易分开，若沾水后再叠放在一起，使之分开就很难，这是什么原因？

（6）多孔硅胶为什么具有强烈的吸附水蒸气性能？

（7）为什么喷洒农药时要向农药中加入表面活性剂？

（五）计算题

（1）已知汽 293.15K 下水的表面张力为 0.0728N·m^{-1}，如果把水分散成小水珠，试计算当水珠半径分别为 1.00×10^{-3}cm、1.00×10^{-4}cm 和 1.00×10^{-5}cm 时曲面下的附加压力。

（2）在 298.15K、101.325kPa 下，将直径为 $2.00\mu m$ 的毛细管插入水中，问需要在毛细管内施加多大压力才能防止水面上升？若不施加压力则水面上升达到平衡后毛细管内液面上升多高？已知该温度下水的表面张力为 0.07197N·m^{-1}，水的密度为 997.0kg·m^{-3}，接触角 θ 为 0°，重力加速度为 9.8m·s^{-2}。

模块七　胶体化学

📚 **学习要求**

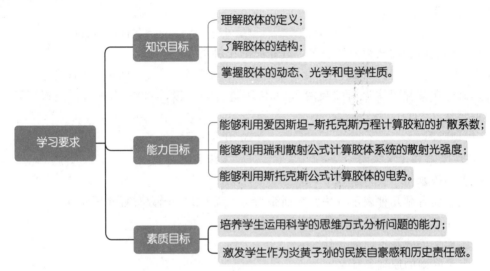

"胶体"一词最早由英国科学家格雷厄姆（Thomas Graham）提出。早在 1861 年，格雷厄姆运用分子运动论研究溶液中溶质的扩散现象时发现：有些物质如蔗糖、NaCl 等在水中扩散速率快，易透过羊皮纸（半透膜），将水蒸去后呈晶体析出；另一些物质如淀粉、$Al(OH)_3$ 等在水中扩散速率慢，不能透过羊皮纸，蒸去水后呈黏稠状。格雷厄姆将前者称为晶体，后者称为胶体。见图 7-1。

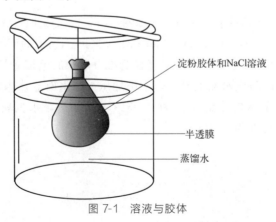

淀粉胶体和NaCl溶液

半透膜

蒸馏水

图 7-1　溶液与胶体

格雷厄姆虽然首次认识到物质的胶体性质，但他把物质分为晶体和胶体则是错误的。后来一些学者特别是俄国化学家维伊曼用将近 200 多种化合物进行实验，结果证明任何典型的晶体物质都可以用降低其溶解度或选用适当分散介质而制备成胶体（例如 NaCl 分散在水中具有晶体的特性，分散在苯中则表现为胶体）。由此人们才进一步认识到胶体只是物质以一定分散程度而存在的一种状态，而不是一种特殊类型的物质固有状态。

表 7-1　分散系统的分类

分散系统的类型	分散相的直径	主要特点	举例
粗分散系统	>100nm	粒子不能透过滤纸和半透膜；不扩散；在普通显微镜下能看见，目测浑浊	泥浆悬浊液
胶体分散系统	1~100nm	粒子能透过滤纸，但不能透过半透膜；扩散速率慢；在普通显微镜下看不见，在超显微镜下可以分辨	金溶胶
分子分散系统	<1nm	粒子能透过滤纸和半透膜；扩散速率快；在普通显微镜和超显微镜下都看不见	食盐水溶液、蔗糖水溶液

通常把一种或几种物质分散在另一种物质中所构成的系统称为**分散系统**（表 7-1），被分散的物质称为**分散相**，而另一种呈连续分布的物质称为**分散介质**。

当分散相的直径在 1~100nm 之间时，该分散系统称为**胶体**。

【基础篇】

一、胶体的结构

任何溶胶粒子的表面总是带有电荷。以 $AgNO_3$ 和 KI 的稀溶液反应制备 AgI 胶体为例，反应过程中生成的 AgI 形成非常小的不溶性微粒，称为**胶核**，它是胶体粒子的核心，具有很大的表面积。若制备 AgI 时使用了过量的 $AgNO_3$，则 Ag^+ 在胶核表面优先被吸附，因此胶核带正电。溶液中的 NO_3^- 又可以部分吸附在带正电的胶核周围，我们把胶核连同吸附在其表面的离子（包括吸附层中的相反电荷离子）称为**胶粒**。胶粒和周围的介质则统称为**胶团**

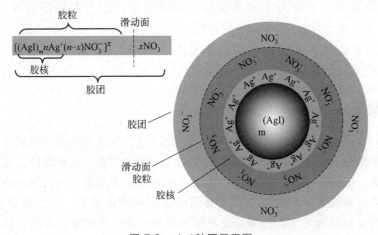

图 7-2　AgI 胶团示意图

（图 7-2）。在溶胶中胶粒是独立运动的，胶粒表面带有一定数量的正电荷或负电荷，而胶团整体则呈电中性。

1924 年，斯特恩（Stern）在扩散双电层理论的基础上提出了 GCS 双电层模型（图 7-3）。在这一模型中，斯特恩用一个假想的平面将固体表面附近的溶液划分为两部分：一部分在固体表面上，其厚度约等于水合离子的半径，称为紧密层（或斯特恩层）；另一部分向溶液本体中扩散，称为扩散层。在外电场作用下，固体表面总是带着一薄层液体一起运动，固体和液体发生相对运动的位置称为滑动面，通常认为是约 1~2 个液体分子的厚度。

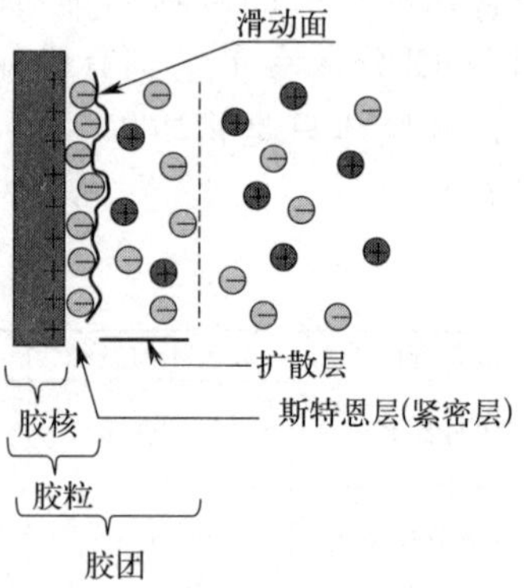

图 7-3　斯特恩双电层模型

二、胶体的分类

根据分散相和分散介质的聚集状态，常把胶体分为以下几类，见表 7-2。

表 7-2　胶体分散系统的分类

分散相	分散介质	胶体名称	举例
液体	气体	气溶胶	雾、云
固体			烟、尘
气体	液体	液溶胶	泡沫（肥皂泡、奶酪）
液体			乳状液（牛奶、人造黄油）
固体			溶胶（硫黄溶胶、牙膏）
气体	固体	固溶胶	泡沫塑料
液体			珍珠
固体			有色玻璃、烟水晶

此外，以液体为分散介质的液溶胶还可分为亲液溶胶和憎液溶胶两大类：分散相与分散介质之间亲和力较强、没有相界面存在、为热力学稳定系统的液溶胶叫做**亲液溶胶**；反之，分散相与分散介质之间亲和力较弱、有相界面存在、为热力学不稳定系统的液溶胶则叫做**憎液溶胶**。只有典型的憎液溶胶才能全面表现出胶体的三大基本特征，即胶体特有的分散度、不均匀性和易聚结的不稳定性。在工业生产和科学实验中经常需要制备出稳定的憎液溶胶，例如照相用的底片必须涂上一层含有 AgBr 的胶粒；染色工业中使用的有机染料也大多以胶粒状态分散于水中。因此，在制备憎液溶胶的过程中必须加入稳定剂（通常为电解质）。

三、胶体的聚沉

憎液溶胶中的分散相粒子相互聚结、颗粒增大进而发生沉淀的现象称为胶体的**聚沉**。胶体聚沉在外观上的表现一般是颜色的改变、产生浑浊直至出现沉淀。促使胶体出现聚沉现象的方式包括改变温度、外加电解质以及混合不同电性的溶胶等，其中效果最好的是外加电解质。

外加电解质对憎液溶胶的聚沉能力通常用聚沉值来表示（表 7-3）。**聚沉值**是指一定量的某种溶胶在规定时间内发生明显聚沉现象所需电解质的最低浓度。聚沉值越小，电解质对溶胶的聚沉作用越强。

表 7-3　电解质对憎液溶胶的聚沉值

憎液溶胶	电解质	聚沉值/mmol·L^{-1}	电解质	聚沉值/mmol·L^{-1}	电解质	聚沉值/mmol·L^{-1}
As$_2$S$_3$（负溶胶）	LiCl	58	CaCl$_2$	0.65	AlCl$_3$	0.093
	NaCl	51	MgCl$_2$	0.72	Al(NO$_3$)$_3$	0.095
	KCl	49.5	MgSO$_4$	0.81		
	KNO$_3$	50				
	KAc	110				
AgI（负溶胶）	LiNO$_3$	165	Ca(NO$_3$)$_2$	2.40	Al(NO$_3$)$_3$	0.067
	NaNO$_3$	140	Mg(NO$_3$)$_2$	2.60	La(NO$_3$)$_3$	0.069
	KNO$_3$	136	Pb(NO$_3$)$_2$	2.43	Ce(NO$_3$)$_3$	0.069
	RbNO$_3$	126				
Al$_2$O$_3$（正溶胶）	NaCl	43.5	K$_2$SO$_4$	0.30	K$_3$[Fe(CN)$_6$]	0.08
	KCl	46	K$_2$Cr$_2$O$_7$	0.63		
	KNO$_3$	60	K$_2$C$_2$O$_4$	0.69		

大量实验结果表明，溶胶的聚沉能力主要取决于与胶粒所带相反电荷的离子价数：对于给定的溶胶，当相反电荷分别为一、二、三价的电解质时，其聚沉值的比例约为 100 : 1.6 : 0.14，换算后也为 $(1/1)^6$: $(1/2)^6$: $(1/3)^6$，表示聚沉值与相反电荷离子价数的六次方成反比，这一结论称为**舒尔策-哈代（Schulze-Hardy）规则**。此外，价数相同的离子聚沉能力也有所不同，例如不同碱金属的一价阳离子所形成的硝酸盐对负电性胶粒的聚沉能力如下：Cs$^+$＞Rb$^+$＞K$^+$＞Na$^+$＞Li$^+$；而不同卤素的一价阴离子所形成的钾盐对正电性胶粒的聚沉能力如下：F$^-$＞Cl$^-$＞Br$^-$＞I$^-$。这种将带有相同电荷的离子按照聚沉能力大小排列的顺序称为**感胶离子序**。

【提升篇】

一、胶体的动态性质

胶体的动态性质主要指胶体系统中胶粒的不规则运动以及由此而产生的扩散、渗透和在重力场作用下浓度随高度的分布平衡等性质。根据分子运动论的观点，胶体与稀溶液有某些形式上的相似之处，因此可以用处理稀溶液中类似问题的方法来讨论胶体的动态性质。

1. 布朗运动

1827 年，英国植物学家罗伯特·布朗（Robert Brown）在显微镜下观察到悬浮在水中的花粉不断地作无规则的折线运动，后来又发现许多其他物质的粉末也都有类似的现象，我们把微粒的这种运动称为**布朗运动**（图 7-4）。但在很长一段时间内，人们对这种现象的本质并没有得到阐明。

1903 年超显微镜的出现为研究布朗运动提供了基础，德国胶体化学家理查德·席格蒙迪（Richard Zsigmondy）在观察了一系列胶体后得出结论：胶体粒子越小，布朗运动越剧烈；布朗运动的剧烈程度不随时间而改变，但随温度的升高而增大。

爱因斯坦（Einstein）和莫卢霍夫斯基（Smoluchowski）分别于 1905 年和 1906 年提出了布朗运动的理论，其基本假定认为：布朗运动与分子运动完全类似，即胶体中每个胶粒的平均动能和分散介质分子一样，都等于 $3/2kT^2$。布朗运动就是不断进行热运动的分子对微粒冲击的结果。对于胶粒来说，由于不断受到不同方向、不同速率的液体分子冲击，所以受到的合力不平衡，于是胶粒时刻会作无规则的运动。爱因斯坦利用分子运动论的一些基本概念和公式，并假设胶粒是球形的，推导出布朗运动的公式为

$$\bar{x} = \sqrt{\frac{RT}{L} \cdot \frac{t}{3\pi\eta r}} \tag{7-1}$$

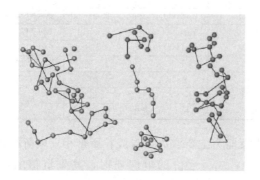

布朗运动

图 7-4　布朗运动

式(7-1) 称为**爱因斯坦-布朗运动公式**。式中，$\bar{x}$ 为观察时间 t 内胶粒沿 x 轴方向的平均位移；r 为胶粒半径；η 为分散介质的黏度；R 为摩尔气体常数；L 为阿伏伽德罗常数。

爱因斯坦-布朗运动公式把胶粒的位移与胶粒的大小、分散介质的黏度、温度以及观察的时间等联系起来，对于研究胶体分散系的动力学性质、确定胶粒的大小和扩散系数等都具有重要的应用意义。许多实验都证实了爱因斯坦-布朗运动公式的正确性。1903 年，柏林（Perrin）和斯韦德贝里（Svedberg）应用这个公式测得了 $L = 6.08 \times 10^{23}$，这与阿伏伽德罗常数的测定值非常接近。此后分子运动论就成为被世人普遍接受的理论，这在科学发展史上是具有重大意义的贡献。

阅读材料

人们用肉眼所能辨别物体的最小直径极限为 0.2mm，普通显微镜的可辨极限约为 200nm，若想观察直径在 100nm 以下的溶胶胶粒，则需要借助于超显微镜。

超显微镜的原理是：在暗室中用一束强光从侧面照射溶胶，然后在黑暗的背景上进行观察，就可以看到由于胶粒对光线散射后所形成的发光点，换言之实际看到的并不是胶粒的真实面貌。超显微镜在研究胶体分散系统时是十分有用的工具，它既可以用来确定胶粒的数目，也可以观察到胶粒的布朗运动。

如果想要直接观察胶粒的大小和形状，则可以使用电子显微镜，许多溶胶的电子显微镜照片已经证明，胶粒可以是大小不同、形状各异的粒子，而并不一定呈球形。

2. 胶体的扩散和渗透

胶粒的热运动在微观层次上表现为布朗运动，在宏观性质上则表现为扩散和渗透作用。布朗运动是本质，扩散和渗透作用则是同一本质表现出的两种不同现象。

在具有浓度差的情况下，胶粒从高浓度区域向低浓度区域自动迁移的现象称为胶体的**扩散**

作用。爱因斯坦曾推导出关于胶体扩散作用的公式，后被称为**爱因斯坦-布朗位移公式**，即

$$D = \frac{\bar{x}^2}{2t} \tag{7-2}$$

式中，$\bar{x}$ 为观察时间 t 内胶粒沿 x 轴方向的平均位移；D 为扩散系数。表 7-4 列出了部分物质的扩散系数。

表 7-4　部分物质的扩散系数

物质	分子量	分散相粒子大小/nm	扩散系数 $D/(10^{-10}\,m^2 \cdot s^{-1})$
金溶胶		1	0.213
		10	0.0213
		100	0.00213
纤维蛋白原	330000		0.197
牛血清白蛋白	66500		0.603
核糖核酸酶	13683		1.068
蔗糖	342		4.586
甘氨酸	75		9.335

从表 7-4 可以看出，胶体粒子越小，扩散系数 D 越大，即粒子的扩散能力越强。与溶液相比，胶体粒子要大得多，所以胶粒的扩散速率是溶液中的溶质的几百分之一。

对于球形胶粒，扩散系数 D 可由爱因斯坦-斯托克斯方程计算

$$D = \frac{RT}{L} \cdot \frac{1}{6\pi \eta r} \tag{7-3}$$

如果需要的话，也可以根据胶粒的密度 ρ 求出胶团的摩尔质量 M，这是研究扩散现象的最基本用途之一。

$$M = \frac{4}{3}\pi r^3 \rho L \tag{7-4}$$

【例 7-1】已知介质的黏度 $\eta = 1.00 \times 10^{-3}\,Pa \cdot s$，20℃时实验测得某胶粒的布朗运动数据如下：

时间/s	20.0	40.0	60.0	80.0	100.0
$\bar{x}^2 \times 10^{10}\,m$	2.56	5.664	8.644	11.42	13.69

试计算：①该温度下胶粒的扩散系数；②胶粒的直径。

解：①由爱因斯坦-布朗位移公式计算可得

时间/s	20.0	40.0	60.0	80.0	100.0
$\bar{x}^2 \times 10^{10}\,m$	2.56	5.664	8.644	11.42	13.69
$D \times 10^{12}/m^2 \cdot s^{-1}$	6.40	7.08	7.20	7.14	6.85

该温度下胶粒的平均扩散系数为

$$\overline{D} = 6.9 \times 10^{-12}\,m^2 \cdot s^{-1}$$

② 由爱因斯坦-斯托克斯方程可得

$$r = \frac{RT}{6\pi \eta DL} = \frac{8.314 \times 293.15}{6 \times \pi \times 1.00 \times 10^{-3} \times 6.9 \times 10^{-12} \times 6.022 \times 10^{23}} = 3.1 \times 10^{-8}\,(m)$$

胶粒直径为

$$d = 2r = 2 \times 3.1 \times 10^{-8} = 6.2 \times 10^{-8}\,(m)$$

爱因斯坦首先指出扩散作用与渗透现象之间有着密切的联系。在具有浓度差的情况下，分散介质会由低浓度区域向高浓度区域自动迁移，直到半透膜两边的浓度相等为止，分散介质的这种现象称为胶体的**渗透**作用。若要阻止分散介质的迁移，必须对高浓度的胶体系统施加一定的外压，这个压力称为**渗透压**，用符号 π 表示。

$$\pi = \frac{n}{V}RT \tag{7-5}$$

式中，π 为胶体的渗透压；n 为体积等于 V 时胶体系统中所含胶粒的物质的量。

【例 7-2】 273K 时，质量分数为 7.46×10^{-3} 的 As_2S_3 溶胶，假设胶粒半径为 10nm。已知 As_2S_3 胶粒的密度为 $2.8 \times 10^3 kg \cdot m^{-3}$，求该溶胶的渗透压。

解： 设溶胶体积为 1L，其质量近似等于纯溶剂水的质量（约为 1kg），则所含胶粒物质的量为

$$n = \frac{m}{M} = \frac{7.46 \times 10^{-3} \times 1}{\frac{4}{3}\pi \times (10 \times 10^{-9})^3 \times (2.8 \times 10^3) \times (6.023 \times 10^{23})} = 1.06 \times 10^{-6} (mol)$$

$$\pi = \frac{n}{V}RT = \frac{1.06 \times 10^{-6}}{1 \times 10^{-3}} \times 8.314 \times 273 = 2.4 (Pa)$$

显然这么小的渗透压是很难测出的，事实上胶体的渗透压表现得不是很显著。同理，胶体的凝固点降低或沸点升高效应也很难测出。但是对于高分子溶液或胶体电解质溶液，由于它们的溶解度很大，可以配制成相当高浓度的溶液，这样就可以测出它们的渗透压了。实际工作中，我们可以通过测定高分子溶液的渗透压来计算高分子化合物的摩尔质量。

3. 胶体的沉降

若分散相的密度比分散介质大，则在重力的作用下分散相粒子会在分散介质中下沉，其结果使得胶体上部的浓度减小，下部的浓度增大，这一过程称为**沉降**。同时胶粒的布朗运动引起的扩散作用会使胶粒自下部浓度较大的区域向上部浓度较小的区域迁移，当这两种作用相等时，胶粒浓度随高度分布达到平衡，在重力场方向形成一定的浓度梯度，这种状态称为**沉降平衡**。

对于微小粒子在重力场中的沉降平衡，柏林推导出平衡时粒子数密度随高度分布的分布定律：

$$\ln \frac{C_2}{C_1} = -\frac{Mg}{RT}\left(1 - \frac{\rho_0}{\rho}\right)(h_2 - h_1) \tag{7-6}$$

式中，C_1 和 C_2 分别为高度在 h_1 和 h_2 处粒子的数密度；M 为胶粒的摩尔质量；g 为重力加速度；ρ 和 ρ_0 分别为胶粒和分散介质的密度。式(7-6) 不受胶粒形状的限制，但要求胶粒大小相等。由于胶体粒子的沉降与扩散速率都很慢，因此要达到沉降平衡往往需要很长时间。而在普通条件下，温度的波动即可引起胶体的对流而妨碍沉降平衡的建立，所以实际上很难看到高分散系统的沉降平衡。表 7-5 为不同粒径胶粒的高度分布。

表 7-5 不同粒径胶粒的高度分布

分散系统	粒径/m	胶粒浓度降低一半时的高度
藤黄悬浮体	2.30×10^{-7}	3×10^{-5}
粗分散金溶胶	1.86×10^{-7}	2×10^{-7}
金溶胶	8.35×10^{-9}	2×10^{-2}
高度分散金溶胶	1.86×10^{-9}	2.15
氧气	2.70×10^{-10}	5×10^3

二、胶体的光学性质

胶体的光学性质是由胶粒对光的吸收和散射而产生的，它是胶体具有高度分散性和不均匀性的反映。研究胶体的光学性质对解释胶体的光学现象、观察胶体的运动、确定胶粒的大小和形状具有重要的意义。

1. 丁达尔效应

1869 年，英国物理学家丁达尔（Tyndall）发现如果将一束会聚的光线投射到胶体系统上，则与入射光垂直的方向上可以观察到一个发光的圆锥体，这种现象称为**丁达尔效应**（图 7-5）。其他分散系统也会产生这种现象，但是远不如胶体明显，因此丁达尔效应可作为判别胶体与溶液最简便的方法。后续研究发现，丁达尔效应的另一特点是当光通过胶体时，在不同方向上观察光柱具有不同的颜色。例如，AgCl 和 AgBr 的胶体，在透过光的方向观察呈浅红色，而在与光垂直的方向观察则呈淡蓝色。

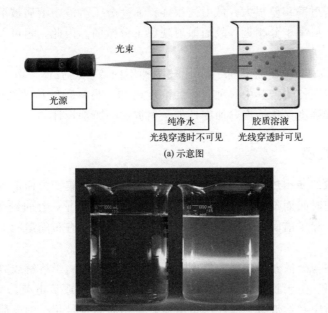

(a) 示意图

(b) 实物图

图 7-5　丁达尔效应

丁达尔效应的本质是光的散射。当光线入射至分散系时可能发生两种情况：①若分散相粒子的直径大于入射光波长，则粒子表面发生光的反射现象，即肉眼可见的浑浊，粗分散系就属于这种情况；②若分散相粒子的直径小于入射光波长，则主要发生光的散射现象，此时光波绕过分散相粒子而向各个方向散射出去，所以从侧面能看到光。可见光的波长在 $400 \sim 760nm$ 的范围之间，而胶体粒子的直径在 $2 \sim 200nm$ 范围内，胶粒的直径略小于光的波长，所以胶体会发生丁达尔效应。在溶液中，分散相为分子、原子或离子，其直径小于 $2nm$，远远小于光的波长，因此溶液也会产生光的散射现象，但由于粒子直径比光的波长小得多，产生的散射光非常微弱，甚至观察不到。

2. 瑞利散射定律

19 世纪 70 年代，英国物理学家瑞利（Rayleigh）研究散射作用后得出，对于单位体积的胶体系统，当入射光强度为 I_0 时，散射光的强度 I 可近似用瑞利公式表示，即

$$I = I_0 \frac{9\pi^2 V^2 N}{2\lambda^4 l^2} \left(\frac{n^2 - n_0^2}{n^2 + 2n_0^2} \right) (1 + \cos^2 \alpha) \qquad (7\text{-}7)$$

式(7-7) 称为**瑞利散射公式**。式中，V 为每个分散相粒子的体积；N 为单位体积中的粒子数；λ 为入射光的波长；l 为观察点到散射中心的距离；n 和 n_0 分别为分散相与分散介质的折射率；α 为散射角。

由瑞利散射公式可得出以下结论：

① 散射光的强度与粒子的体积平方成正比，即与分散度有关。溶液中粒子的体积很小，散射现象很微弱；悬浊液中粒子的体积较大，不发生光的散射。因此丁达尔效应是鉴别胶体、溶液和悬浊液三者最简单有效的方法。

② 散射光的强度与入射光波长的四次方成反比，换言之入射光的波长越短，散射光越强。例如当入射光为自然光时，紫色与蓝色光产生的散射光最强。

③ 分散相与分散介质的折射率相差越大，散射光越强。胶体的分散相和分散介质间有明显界面，二者的折射率相差很大，散射光很强；而高分子溶液中溶质被溶剂分子裹住，导致溶质与溶剂分子折射率十分相近，故而散射现象十分微弱。因此，也可以根据散射光的强弱来区别胶体和高分子溶液。

④ 根据瑞利公式可知，在相同条件下比较两种不同浓度的胶体，由于散射光强度与单位体积中的粒子数成正比，若其中一种胶体的浓度已知，另一种胶体的浓度就可计算出来。这里所提到的散射光强度又称浊度，浊度计就是根据这一原理设计的。

三、胶体的电学性质

胶体是高度分散的多相热力学不稳定系统，胶粒有自发聚集变大而下沉的趋势。但实际上胶体可以存放一定时间而不聚沉，例如金溶胶可以存放几十年，经过纯化的 $Fe(OH)_3$ 溶胶也可以存放几年。除了前面已经讲到的一个原因——胶粒具有布朗运动外，另一个更重要的原因是胶粒带电。

胶体中的胶粒在与分散介质接触的界面上，会发生解离、离子溶解或离子吸附作用，导致胶粒表面带有电荷。由于胶粒表面带有一定数量的正电荷（或负电荷），但整个胶体呈电中性，因此分散介质中必然带有与胶粒所带电荷数量相同而符号相反的电荷，所以胶体会表现出各种电学性质。

1. 电泳现象

在外电场的作用下，胶粒在分散介质中作定向移动的现象称为**电泳**。中性粒子在外电场中不会发生定向移动，电泳现象说明胶粒是带电的。

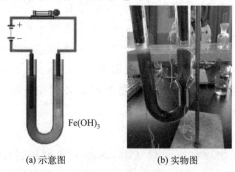

(a) 示意图　　　　(b) 实物图

图 7-6　电泳装置

图 7-6 是一种测定电泳速率的实验装置。若向 U 形管内装入棕红色的 $Fe(OH)_3$ 溶胶，其上部放置无色的 NaCl 溶液，正确的操作可使两液之间具有明晰的分界面。通电一段时间后，便能看到棕红色的 $Fe(OH)_3$ 溶胶的界面正极一侧下降，而负极一侧上升，表明 $Fe(OH)_3$ 胶粒向负极移动，这意味着 $Fe(OH)_3$ 胶粒表面带有正电荷。

若实验测出在一定时间内界面移动的距离，即可求得胶粒的电泳速率，从而求出胶粒的 ζ 电势。当球形胶粒半径 r 较大，而双电层厚度 κ^{-1} 较小，即 $\kappa r \gg 1$ 时，质点表面看作平面处理，此时可用**莫卢霍夫斯基公式**来描述电迁移率 u 与 ζ 电势的关系：

$$u = \frac{v}{E} = \frac{\varepsilon \zeta}{\eta}$$

即

$$\zeta = \frac{\eta v}{\varepsilon E} \tag{7-8}$$

式中，u 为胶核的电迁移率（即单位电场强度下的电泳速率）；v 为电泳速率；E 为电场强度；ε 为分散介质的介电常数；η 为分散介质的黏度。

当球形胶粒半径 r 较小，而双电层厚度 κ^{-1} 较大，即 $\kappa r \ll 1$ 时，此时可用**休克尔 (Hückel) 公式**来描述电迁移率 u 与 ζ 电势的关系：

$$u = \frac{v}{E} = \frac{\varepsilon \zeta}{1.5 \eta} \tag{7-9}$$

通常在水溶液系统中使用莫卢霍夫斯基公式，而在非水溶液系统中使用休克尔公式。

在重力场（或离心力场）作用下，胶体粒子迅速运动时，在移动方向的两端产生的电势差称为**沉降电势**。显然，沉降电势是电泳现象的逆过程。带电胶粒沉降时，导致分散介质表面层与下层之间产生电势差。例如储油罐中的油含有水滴，水滴的沉降易在表面油层与下层油层之间产生很高的沉降电势，这对易燃油品是很危险的，因此实际生产中常采用加入油溶性电解质的方法来增加油的导电性以消除沉降电势。

2. 电渗现象

在外加电场下，可以观察到分散介质定向通过多孔膜或毛细管而移动，这种现象称为**电渗**，电渗现象的特点是固相不动而液相移动。电渗实验中液体的移动现象与多孔膜的性质有关。例如，以水为分散介质时，若使用滤纸、棉花等作为多孔塞，则水向阴极移动，表明此时液体带正电荷；若使用 Al_2O_3 作为多孔塞，则水向阳极移动，表明液体带负电荷。

若在多孔物质的两边施加压力强行使液体通过，则在多孔物质两边产生的电势差称为**流动电势**。流动电势是电渗现象的逆过程。例如使用硅藻土或黏土等作为滤床进行过滤时，流动电势可沿管线造成危险，因此这种管线往往需要接地。

【扩展篇】

一、凝胶

在一定条件下，如果分散相粒子互相连接成网状结构，分散介质填充于其间，这时分散相和分散介质都是连续的。当分散相的浓度足够大时，在放置过程中系统就会逐渐失去流动性而形成**凝胶**，分散介质为水的凝胶也被称为**水凝胶**，水凝胶经干燥脱水后即成为**干凝胶**。日常生活中的棉花纤维、豆腐、隐形眼镜、动物的肌肉、毛发、细胞膜、核桃壳等都属于凝胶。

根据分散相颗粒的性质可将凝胶分为刚性凝胶和弹性凝胶两大类。若形成网状结构的凝胶颗粒具有刚性（如 SiO_2、TiO_2、Al_2O_3 和 V_2O_5 等），吸收或脱除溶剂后凝胶的骨架基本不变，体积也没有明显变化，这类凝胶就称为**刚性凝胶**。刚性凝胶又称为不可逆凝胶，这是由于当它脱除溶剂形成干凝胶后，一般不能再吸收溶剂重新恢复原状。刚性凝胶往往具有较好的机械强度，对溶剂的吸收没有选择性，只要可以润湿凝胶骨架的液体都能被吸收。若形成网状结构的凝胶颗粒具有柔性（如天然高分子或合成高分子、天然蛋白质分子等），吸收或脱除溶剂时伴随有体积的改变，这类凝胶就称为**弹性凝胶**。当弹性凝胶脱除溶剂后，体积明显缩小；但重新吸收溶剂后，体积又会恢复膨胀，这一过程可以反复进行，因此弹性凝胶也称为可逆凝胶。弹性凝胶对液体的吸收具有严格的选择性，例如琼脂只能吸收水而不能吸收苯，但橡胶却只能吸收苯而无法吸收水。

通过改变温度、加入非溶剂、加入电解质、发生化学反应等手段，可使构成分散相的物质浓度处于高度饱和状态而大量析出形成凝胶，这一过程称为**胶凝**。新制得的凝胶放置一段时间后，一部分液体会缓慢地自动从凝胶中分离出来，凝胶本身体积缩小，这种现象称为**离浆**。离浆时凝胶失去的并不是纯溶剂，而是稀溶胶或大分子溶液，这是由于构成凝胶的网状结构颗粒进一步靠近，使网孔收缩变小、骨架变粗。通常凝胶离浆后体积变小，但仍然保持原来的几何形状。离浆现象是含液凝胶不稳定的表现，也是胶凝过程的继续，这是绝大多数弹性凝胶都具有的特征。

二、大分子溶液

常见有机化合物的分子量约在 500 以下，但纤维素、蛋白质、橡胶等有机化合物往往具有很大的分子量，德国化学家赫尔曼·施陶丁格（Hermann Staudinger）把分子量大于 10000 的物质称为**大分子化合物**，大分子化合物与水形成的分散系统则称为**大分子溶液**。由于单个大分子就足以达到胶体颗粒的尺寸范围，并且早期研究结果证明大分子溶液与憎液溶胶一样具有不能通过半透膜、扩散速率慢等特点，因此历史上曾经认为大分子溶液属于亲液溶胶。但后续研究发现大分子溶液的渗透压较小，丁达尔效应十分微弱，其分散相与分散介质之间没有相界面，因此大分子溶液是以分子为分散单位的热力学稳定单相系统。

溶剂分子扩散进入大分子化合物内部，使其体积发生膨胀的现象叫做**溶胀**，溶胀是大分子化合物特有的现象。向大分子化合物溶液中加入大量电解质从而使大分子在溶液中沉淀下来的现象叫做**盐析**。不同种类和浓度的电解质溶液对大分子溶液的盐析能力不同；通常采用逐渐增大电解质溶液浓度的方法，可以使不同的蛋白质从溶液中析出，这种操作称为**分段盐析**。在临床检验中，利用分段盐析可以测定血清中白蛋白和球蛋白的含量，用于帮助诊断某些疾病。

此外，在人体新陈代谢过程中具有重要作用的血浆、体液等都是大分子溶液，药物制剂中常用的增稠剂、增溶剂、乳化剂等也都是大分子溶液。

素质阅读

华夏文明，传承世界

生产技术与生产能力的变化必然会带来信息交流密度与信息载体的变化，在人类文明的历史长河中，从壁画到刻石、从结绳到甲骨、从青铜到青简、从布帛到纸张，前赴后继的华夏先祖们记载了满天星斗的运转，见证了一代代君王的更替兴衰。

远古时期，我国祖先就已经在进行养蚕、缫丝的生产活动，反复捶打的"打浆"步骤给造纸术奠定了基础，而造纸的过程正是借助这些方法慢慢研究形成的。纸张的出现与应用开启了人类历史上伟大的信息革命与教育革命，有力地促进了文化传播和科学发展，也大大增加了世界交流的可能性，是促进人类文明进步的最伟大发明之一。时至今日，华夏民族所开创的造纸术，其文明脉络无比清晰，虽历经岁月，仍印记宛然。

【课后习题】

（一）判断题

（1）溶胶在热力学和动力学上都是稳定系统。（　　）

（2）虽然溶胶的胶粒带有某种电荷，但整个溶胶呈电中性。（　　）

（3）能产生 Tyndall 效应的分散系统都是溶胶。（　　）

（4）借助超显微镜可以观察到胶粒的形状，但是不能确定胶粒的大小。（　　）

（5）胶粒的带电荷情况与形成胶粒的反应物本性有关，而与各反应物的浓度大小无关。
（　　）

（二）填空题

（1）根据分散相粒子直径的大小，可以将分散系分为_____、_____和_____三类。

（2）$Fe(OH)_3$ 溶胶显_____色，这是由于 $Fe(OH)_3$ 溶胶的胶核附近吸附了_____电荷；当把直流电源插入 $Fe(OH)_3$ 溶胶中时，_____极附近的颜色会逐渐变深，这是_____现象。

（3）当胶粒的_____和_____相等时，溶胶达到沉降平衡。

（4）胶体的动力学性质包括_____、_____和_____。

（5）在外加电场作用下，胶粒在分散介质中的移动称为_____。

（三）选择题

（1）过量的 KI 和 $AgNO_3$ 混合制备的溶胶结构为 $[(AgI)_m \cdot nI^- \cdot (n-x)K^+]^{x-} \cdot K^+$，则胶粒是指（　　）。

A. $(AgI)_m$

B. $(AgI)_m \cdot nI^-$

C. $[(AgI)_m \cdot nI^- \cdot (n-x)K^+]^{x-}$

D. $[(AgI)_m \cdot nI^- \cdot (n-x)K^+]^{x-} \cdot K^+$

（2）用超显微镜在 0.01s 内观察到某胶粒的平均位移为 10^{-4} cm，则此溶胶的扩散系数为（　　）。

A. 5×10^{-9} cm$^2 \cdot$ s^{-1}

B. 5×10^{-7} cm$^2 \cdot$ s^{-1}

C. 5×10^{-6} cm$^2 \cdot$ s^{-1}

D. 5×10^{-3} cm$^2 \cdot$ s^{-1}

（3）以下说法正确的是（　　）。

A. 溶胶在热力学和动力学上都是稳定系统

B. 溶胶与真溶液都是均相系统

C. 能产生 Tyndall 效应的分散系统是溶胶

D. 通过超显微镜能看到胶体粒子的形状和大小

（4）下列不属于溶胶动力学性质的是（　　）。

A. Brown 运动　　　　B. 扩散　　　　　　C. 电泳　　　　　　D. 沉降平衡

（5）（　　）既是溶胶相对稳定存在的因素，又是溶胶遭到破坏的因素。

A. 胶粒的 Brown 运动　　　　　　B. 胶粒溶剂化

C. 胶粒带电　　　　　　　　　　D. 胶粒的 Tyndall 效应

（6）电泳实验中观察到胶粒向阳极移动，此现象表明（　　）。

A. 胶粒带正电　　　　　　　　　B. 胶核表面带负电

C. 胶团扩散层带正的净电荷　　　D. 溶胶带负电

（7）下列不属于溶胶电学现象的是（　　）。

A. 电泳　　　　　　B. 电渗　　　　　　C. 电导　　　　　　D. 流动电势

（四）简答题

（1）在以 KI 和 $AgNO_3$ 为原料制备 AgI 溶胶时，KI 过量和 $AgNO_3$ 过量两种情况下所制得的 AgI 溶胶的胶团结构有何不同？

（2）胶体为热力学不稳定系统，但它在相当长的时间范围内可以稳定存在，其主要原因是什么？

（3）使用不同型号的墨水，为什么有时会使钢笔堵塞而写不出字？

（4）加入明矾为什么能使浑浊的水澄清？

（五）计算题

（1）实验测得 298K 时藤黄水溶胶胶粒在 x 轴方向经历 1.0s 的平均位移为 6.0×10^{-7} m，溶胶的黏度为 1.01×10^{-3} Pa $\cdot$ s，求胶粒的半径。

（2）设蔗糖为球形粒子，已知 298K 时蔗糖在水中的扩散系数为 4.17×10^{-10} m$^2 \cdot$ s^{-1}，蔗糖的密度为 1.59×10^3 kg $\cdot$ m^{-3}，摩尔质量为 0.342kg $\cdot$ mol^{-1}，水的黏度为 1.01×10^{-3} Pa $\cdot$ s，试求蔗糖粒子的半径和阿伏伽德罗常数。

模块八　动力学基础

📚 **学习要求**

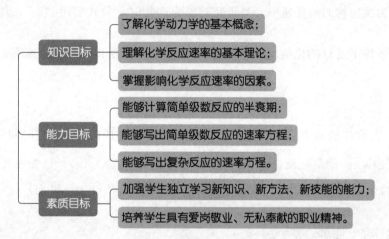

将化学反应用于生产实践要重点关注两方面的问题：一是要了解反应进行的方向和最大限度，以及外界条件对化学平衡的影响，二是要知道反应进行的速率和反应的历程。前者属于化学热力学的研究内容，而后者属于化学动力学的研究范围。例如在 25℃、100kPa 下，反应 $2H_2(g) + O_2(g) \longrightarrow 2H_2O(l)$ 的 $\Delta_r G_m^{\ominus}$ 为 $-237.13kJ \cdot mol^{-1}$，根据热力学理论该反应正向进行的趋势很大，但实际上将 $H_2(g)$ 和 $O_2(g)$ 放在同一个容器中，好几年也检测不到 $H_2O(l)$ 的生成。这就表明化学热力学只能用于解决发生反应的可能性问题，而反应能否真正实现还需要借助于化学动力学来解决。

化学动力学是一门研究各种因素对化学反应速率的影响规律的科学，其最终目的是揭示化学反应的本质，使人们深入了解并进一步掌握控制反应进行的主动权，从而在生产上达到多快好省。

【基础篇】

一、动力学基本概念

1. 化学反应速率

不同的化学反应进行的速率很不相同。有些反应几乎在瞬间就能完成，例如爆炸反应、酸碱中和反应等；也有些反应进行得很慢，例如钢铁生锈、岩石风化、石油和煤的形成等。此外，即便是同一个化学反应，在不同条件下反应速率也不相同。在化工生产中，往往需要增大反应速率以缩短反应时间；另外，对于一些不利的反应，又要设法抑制其进行。因此，研究化学反应速率是很有必要的。

化学反应速率是衡量化学反应进行快慢程度的物理量，它反映了在单位时间内反应物或生成物的变化情况。化学反应进行的过程中，反应物的数量随时间不断减少；生成物的数量随时间不断增加。如果化学反应在一个体积恒定的容器中进行，化学反应速率就可以用单位体积内参与反应的物质的量随时间的变化率来表示，即：

$$v = \pm \frac{1}{V} \times \frac{dn}{dt} \tag{8-1}$$

式中，V 表示体积，单位为 m^3；n 表示物质的量，单位为 mol；t 表示时间，单位为 s；v 表示反应速率，单位为 $mol \cdot m^{-3} \cdot s^{-1}$；"±"表示当研究对象为反应物时，公式前用"—"，此时称为反应物的消耗速率，当研究对象为产物时，公式前用"+"，此时称为产物的生成速率。

对于恒容条件下进行的化学反应，由于$dc_B = dn_B / V$，所以化学反应速率 v 的定义式也可以写成：

$$v = \pm \frac{dc_B}{dt} \tag{8-2}$$

式中，c_B 表示 B 的物质的量浓度；dc_B / dt 表示 B 的物质的量浓度随时间的变化率。

【例 8-1】$SO_2(g)$ 的氧化反应为 $2SO_2(g) + O_2(g) \rightleftharpoons 2SO_3(g)$，已知在反应的某一瞬间，$SO_2(g)$ 的化学反应速率为 $12720 mol \cdot m^{-3} \cdot h^{-1}$，试求 $O_2(g)$ 和 $SO_3(g)$ 的反应速率各是多少？

解：由式(8-2)可知

$$v(O_2) = \frac{1}{2} v(SO_3) = \frac{1}{2} \times 12720 = 6360 (mol \cdot m^{-3} \cdot h^{-1})$$

$$v(SO_3) = v(SO_2) = 12720 mol \cdot m^{-3} \cdot h^{-1}$$

2. 反应历程

大部分化学反应方程式并不能表示真正完整的反应过程，而仅能代表反应的总结果。因此化学反应方程式只是代表反应的化学计量式，也只能表示反应物和生成物之间的物质转化和能量守恒关系，而一个化学反应由原料到产物往往要经历若干个反应步骤才能完成。例如，化学计量式 $H_2(g) + Br_2(g) \rightleftharpoons 2HBr(g)$ 表示的气相反应，在实际过程中分为以下五步进行：

第一步：$Br_2(g) + M^0 \longrightarrow 2Br \cdot + M_0$（自由基产生）

第二步：$Br \cdot + H_2 \longrightarrow HBr + H \cdot$（自由基转移并合成产物）

第三步：$H \cdot + Br_2 \longrightarrow HBr + Br \cdot$（自由基转移并合成产物）

第四步：$H \cdot + HBr \longrightarrow H_2 + Br \cdot$（自由基转移并合成产物）

第五步：$Br \cdot + Br \cdot + M_0 \longrightarrow Br_2 + M^0$（自由基消除）

由此可见，大多数化学反应总是经过若干个简单的反应步骤，最后才转化为产物分子。这里提到的简单步骤是指反应物分子经过一次碰撞就能完成的反应，这类反应称为基元反应。换言之，**基元反应**就是一步能完成的反应。**非基元反应**是许多基元反应的总和，称为复杂反应。任何一个复杂反应都需要经过若干个基元反应才能完成，这些基元反应就代表了反应所经过的途径，在动力学上称为**反应历程**。

基元反应中，反应物的粒子（分子、原子、离子或自由基等）数目称为**反应分子数**，反应分子数只能是正整数。基元反应若根据反应分子数可分为三类：单分子反应、双分子反应和三分子反应。其中，绝大多数基元反应为双分子反应；在分解反应或异构化反应中，可能出现单分子反应；三分子反应较少见，一般只出现在原子复合或自由基复合反应中；由于四个分子同时碰撞在一起的概率极低，所以目前还未发现四分子基元反应。

3. 速率方程

在温度、催化剂等因素不变的条件下，表示浓度对反应速率影响的函数关系式称为化学反应的**速率方程**（又称动力学方程）。例如对于任意一个化学反应 $aA + bB \longrightarrow yY + zZ$，其速率方程可表示为：

$$v = kc_A^{\alpha} c_B^{\beta}$$

式中，k 为化学反应速率常数，它在数值上等于速率方程中各反应物浓度均为 1mol·L^{-1} 时的化学反应速率。不同化学反应的 k 值不同；同一化学反应的 k 值与温度、催化剂和反应介质等因素有关，有时还与反应容器的形状有关。

α 和 β 分别称为反应物 A 和 B 的**反应分级数**。对于基元反应，α 和 β 分别为各自对应反应物 A 和 B 的化学计量系数 a 和 b；对于非基元反应，α 和 β 则为实验确定的常数。

化学反应方程式中各反应物的反应分级数的代数和 $n = a + b$ 称为**反应总级数**，反应总级数 n 可以是整数、分数、零或者负数，通常 $n \leqslant 3$。反应总级数的大小表示浓度对反应速率影响的程度，n 值越大，则反应速率受浓度的影响越大。例如下列反应：

$$H_2(g) + Cl_2(g) \longrightarrow 2HCl(g)$$

已证明该反应的速率方程为

$$v = k\,[H_2]\,[Cl_2]^{0.5}$$

说明反应对 $H_2(g)$ 为 1 级，对 $Cl_2(g)$ 为 0.5 级，所以该反应为 1.5 级反应。显然 $H_2(g)$ 的反应级数大于 $Cl_2(g)$ 的反应级数，所以在该反应中 $H_2(g)$ 的浓度对反应速率的影响较大。

4. 质量作用定律

挪威化学家古德贝格（Guidberg）和瓦格（Waage）在 1862～1869 年间总结了前人大量的工作并结合自己的实验提出著名的**质量作用定律**，经后人补充和完善后表述如下：对于基元反应，其反应速率与各反应物浓度的幂乘积成正比，其中各反应物浓度的幂指数为基元反应中各反应物的化学计量数。根据质量作用定律可以直接写出基元反应的速率方程，如表 8-1 所示。

表 8-1　典型基元反应的速率方程

反应类型	反应方程式	速率方程
单分子反应	$A \longrightarrow P$	$v = kc_A$
双分子反应	$A + B \longrightarrow P$	$v = kc_A c_B$
	$2A \longrightarrow P$	$v = kc_A^2$
三分子反应	$A + B + C \longrightarrow P$	$v = kc_A c_B c_C$
	$2A + B \longrightarrow P$	$v = kc_A^2 c_B$
	$3A \longrightarrow P$	$v = kc_A^3$

需要指出的是，质量作用定律只适用于基元反应而不适用于复杂反应，由质量作用定律

可知基元反应的反应级数与反应分子数是一致的。对于非基元反应而言，反应分级数和总级数都必须通过实验测定出来。非基元反应不仅有一级、二级、三级反应，还可以出现零级或分数级反应，甚至速率方程中还会出现反应产物的浓度项。

例如乙醛在 450℃下的分解反应：$CH_3CHO(g) \longrightarrow CH_4(g) + CO(g)$，其速率方程为

$$v = -\frac{dp(CH_3CHO)}{dt} = kp^{\frac{3}{2}}(CH_3CHO)$$

又例如臭氧转化为氧气反应：$2O_3(g) \longrightarrow 3O_2(g)$，其速率方程为

$$v = -\frac{dp(O_3)}{dt} = kp^2(O_3)p^{-1}(O_2)$$

二、化学反应速率理论

1. 碰撞理论

1918 年，路易斯运用气体分子运动论的成果，以分子碰撞的观点来判断化学反应是否发生，提出了反应速率的**碰撞理论**。该理论将气体反应中的分子看作刚性小球，认为反应物分子间必须相互碰撞才有可能发生反应，但并非每次碰撞都能发生反应。例如，理论计算可得 773K 时分解反应 $2HI(g) \rightleftharpoons H_2(g) + I_2(g)$ 在单位时间内 $HI(g)$ 分子的碰撞次数为 3.5×10^8 次$\cdot L^{-1} \cdot s^{-1}$，若每次碰撞都能发生反应，则反应速率可高达 $5.8 \times 10^4 \, mol \cdot L^{-1} \cdot s^{-1}$，这就意味着反应可瞬间完成；但实验测得该反应的平均速率约为 $1.2 \times 10^{-8} \, mol \cdot L^{-1} \cdot s^{-1}$。由此可见，大多数分子间的碰撞都是无效的，只能造成分子间能量的交换；只有极少数的碰撞才能导致化学反应发生。在化学上，通常把能够发生反应的碰撞称为**有效碰撞**。有效碰撞必须满足两个条件：一是反应物分子必须在合适的取向上发生碰撞；二是发生碰撞的反应物分子必须具有较高的能量，我们把能够发生有效碰撞的分子称为**活化分子**。见图 8-1。

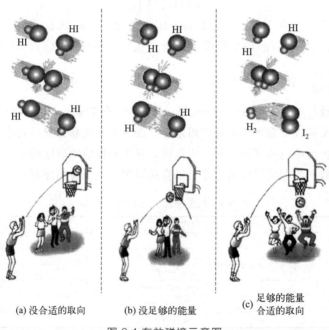

图 8-1 有效碰撞示意图

2. 过渡态理论

1935 年，艾林（Eyring）和波兰尼（Polanri）等人在统计力学和量子力学的基础上提出了反应速率的**过渡态理论**，该理论认为在反应过程中，反应物必须经过一个过渡态，再转化为产物；这一过程中存在着化学键的重新排布和能量的重新分配。例如，反应 $A + BC \longrightarrow AB + C$ 的实际反应历程如图 8-2 所示。

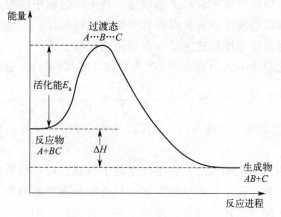

图 8-2　过渡态理论示意图

显然根据过渡态理论的观点，反应物分子并不只是通过简单的有效碰撞就能直接形成产物，而是必须形成一个势能较高的活化络合物，我们把这个活化络合物所处的状态叫做**过渡态**；而把反应物分子从常态转变为过渡态所需要吸收的能量称为**活化能**，用符号 E_a 表示，其单位为 $J \cdot mol^{-1}$。

三、影响化学反应速率的因素

1. 温度对化学反应速率的影响

之前我们已经讨论了恒温条件下化学反应速率与反应物浓度之间的关系。对于大多数化学反应来说，温度对反应速率的影响比浓度的影响更为显著。例如，将反应 $2H_2(g) + O_2(g) \longrightarrow 2H_2O(l)$ 的温度升高至 1073K 时，该反应就会以爆炸的方式瞬间完成。结合化学反应的速率方程 $v = k\, c_A^{\alpha}\, c_B^{\beta}$ 可知，温度对化学反应速率的影响可归结于温度对反应速率常数 k 的影响。

1884 年，荷兰物理化学家范特霍夫根据实验事实总结出一条近似规律：在常温范围内，温度每升高 10K，化学反应速率大约增加 2～4 倍，即

$$\frac{k_{T+10}}{k_T} = 2 \sim 4 \tag{8-3}$$

这一经验规律称为**范特霍夫规则**。虽然范特霍夫规则不是十分精确，但当数据不全时，可利用它粗略估算出温度对反应速率的影响。

1889 年，瑞典化学家阿伦尼乌斯（Arrhenius）在范特霍夫规则的启发下，通过深入研究大量气相实验的反应速率，揭示了反应温度 T 与反应速率常数 k 之间的定量关系：

$$k = A\mathrm{e}^{-E_a/(RT)} \tag{8-4a}$$

$$\frac{\mathrm{d}\ln k}{\mathrm{d}T} = \frac{E_a}{RT^2} \tag{8-4b}$$

$$\ln k = -\frac{E_a}{RT} + \ln A \tag{8-4c}$$

式(8-4) 称为**阿伦尼乌斯方程**。式中，A 称为指前因子（或频率因子），它与反应物分子的碰撞频率有关，是一个重要的动力学参数。其中，式(8-4b) 表明 $\ln k$ 随温度 T 的变化率与化学反应的活化能 E_a 成正比。换言之，反应的活化能越高，则随着温度的升高，化学反应速率增加得越快，即反应速率对温度越敏感。若生产过程中同时存在几个化学反应，则高温有利于活化能高的反应发生，而低温有利于活化能低的反应发生。在化工生产中常利用这一原理来选择适宜的反应温度加速主反应，抑制副反应。

若反应的温度变化范围不大，则 E_a 可视为常数，将式(8-4b) 进行定积分，可得

$$\ln \frac{k_2}{k_1} = -\frac{E_a}{R}\left(\frac{1}{T_2} - \frac{1}{T_1}\right) \tag{8-4d}$$

利用式(8-4d) 可根据某一温度 T_1 下的反应速率常数 k_1 计算出另一温度 T_2 下的反应速率常数 k_2。

阿伦尼乌斯方程的适用范围很广，它不仅适用于气相反应，也适用于液相反应和多相催化反应。阿伦尼乌斯方程在化学动力学的发展中具有十分重要的地位，特别是他提出的活化能的概念，在反应速率理论的建立过程中发挥了不可替代的作用。

需要指出的是，并不是所有的化学反应都能符合阿伦尼乌斯方程。化学反应速率与温度之间的关系十分复杂，目前已知的有以下五种类型（图 8-3）。

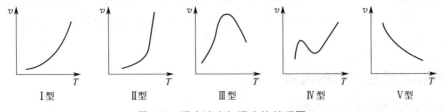

图 8-3　反应速率与温度的关系图

类型 I 的特点是反应速率随温度升高而呈指数关系增大，称为阿伦尼乌斯型反应；类型 II 的特点是当温度升高至某一数值时，反应速率急剧增加，如爆炸反应；类型 III 的特点是反应速率随温度的改变有极值出现，如酶催化反应；类型 IV 的特点是反应速率随温度升高而出现不规则的变化，如碳和某些烃类物质的氧化反应，这可能是由于升高温度使得副反应产生从而导致反应复杂化；类型 V 极为罕见，其特点是反应速率随温度升高反而减小，如 $2NO$ $(g) + O_2(g) \longrightarrow 2NO_2(g)$。

2. 催化剂对化学反应速率的影响

在一定温度下，将少量的一种或几种物质加入反应系统中，可以明显改变化学反应的速率，而自身的质量、组成、性质在反应前后不发生变化，这类物质就被称为**催化剂**，而这类反应则被称为**催化反应**。通常催化反应可分为三大类：一是催化剂与反应物处于同一相中的**均相催化反应**，如酸催化下蔗糖的水解反应；二是催化剂与反应物处于不同相中的**多相催化反应**，如铁催化下的合成氨反应；三是以酶催化的**生物催化反应**，如淀粉发酵酿酒。虽然这三类催化反应的机理不同，但它们具有共同的基本特征：

① 催化剂能够改变化学反应途径，降低反应的活化能（图 8-4）。例如在 503K 下分解反应 $2HI(g) \Longleftrightarrow H_2(g) + I_2(g)$，无催化剂时其活化能 E_a 为 184.1kJ·mol^{-1}，而以 Au 为

催化剂时反应的活化能降低至 $104.6 \mathrm{kJ \cdot mol^{-1}}$，计算表明，加入催化剂后，HI(g) 的分解反应速率提高了 1.8×10^{8} 倍。

$$\frac{k(\text{催化})}{k(\text{非催化})}=\frac{A\mathrm{e}^{-E_{\mathrm{a}}(\text{催化})/(RT)}}{A\mathrm{e}^{-E_{\mathrm{a}}(\text{非催化})/(RT)}}=\frac{\mathrm{e}^{-104.6\times10^{3}/(RT)}}{\mathrm{e}^{-184.1\times10^{3}/(RT)}}=1.8\times10^{8}$$

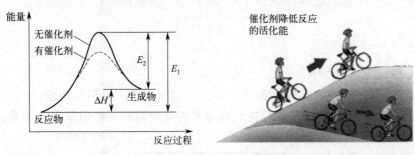

图 8-4　催化原理示意图

② 催化剂不能改变反应的方向和限度。从热力学的观点来看，催化剂无法改变化学反应的 $\Delta_{\mathrm{r}} G_{\mathrm{m}}^{\ominus}$ 和 $K^{\ominus}$，所以催化剂加快正反应速率的同时也必然按相同倍数增加逆反应速率。根据这一原理，一个对正反应有效的催化剂对逆反应也一定有效。例如，工业上甲醇的合成反应 $CO(g)+2H_2(g) \longrightarrow CH_3OH(g)$ 需要在高压条件下进行，根据其反应特点研究催化剂实验操作极为不便，故而我们可以通过寻找常压下 $CH_3OH(g)$ 的分解反应催化剂，从而用于甲醇的合成工艺中。

③ 催化剂具有特殊的选择性。不同类型的化学反应需要使用不同的催化剂，例如氧化反应和脱氢反应的催化剂截然不同；即使是同一种反应物，在不同的催化剂作用下，就可能得到不同的产物。

工业生产中常用下列公式来定义催化剂的选择性：

$$\text{选择性}=\frac{\text{转化为目标产物的原料量}}{\text{原料的总转化量}}\times100\%$$

显然如果没有副反应的发生，则催化剂的选择性为 100%。

④ 在反应前后，催化剂本身的质量和化学性质虽然不变，但某些表面物理性质（如光泽、颗粒度等）会发生改变。例如，MnO_2 在催化 $KClO_3$ 分解前后，会从块状变为粉末；工业上催化 $NH_3(g)$ 氧化的铂网，表面会逐渐变粗糙。

【提升篇】

一、简单级数反应的速率方程

凡是反应级数为零或正整数的反应称为具有简单级数的反应。以微分形式表达速率方程能明显反映出浓度对反应速率的影响，便于开展理论分析；但在实际生产中，我们往往需要知道浓度随时间的变化规律，此时以积分形式表达的速率方程更加适用。

1. 零级反应

反应速率与反应物浓度无关的反应称为**零级反应**。一些光化学反应、电解反应、表面催化反应在一定的条件下，它们的反应速率分别与光照强度、电流大小和表面状态有关，这类反应都属于零级反应。

对于任意一个零级反应 $A \longrightarrow H$，其速率方程可表示为：

$$v = -\frac{\mathrm{d}c_A}{\mathrm{d}t} = kc_A^0 = k_0$$

当 $t = 0$ 时，$c_A = c_{A,0}$；当 $t = t$ 时，$c_A = c_A$。将上式两边积分，可得

$$-\int_{c_{A,0}}^{c_A} \mathrm{d}c_A = k\int_0^t \mathrm{d}t$$

整理得

$$c_A = -k_0 t + c_{A,0} \tag{8-5}$$

式中，$c_{A,0}$ 为反应物 A 的初始浓度；c_A 为反应物 A 在 t 时刻的浓度；t 为反应进行的时间；k_0 为反应速率常数。以零级反应的反应物浓度对时间 t 作图呈直线关系，其斜率为 $-k_0$，这是零级反应的典型特征。见图 8-5。

在实际生产中，通常把反应物浓度消耗一半所需要的时间称为该反应的**半衰期**，用符号 $t_{1/2}$ 表示。

现将 $c_A = c_{A,0}/2$ 代入式(8-5)，可得

$$t_{1/2} = \frac{c_{A,0}}{2k} \tag{8-6}$$

式(8-6)表明零级反应的半衰期与反应物的初始浓度成正比。

当反应结束时 $c_A = 0$，因此起始浓度为 $c_{A,0}$ 的零级反应完成所需时间为

$$t = \frac{c_{A,0}}{k}$$

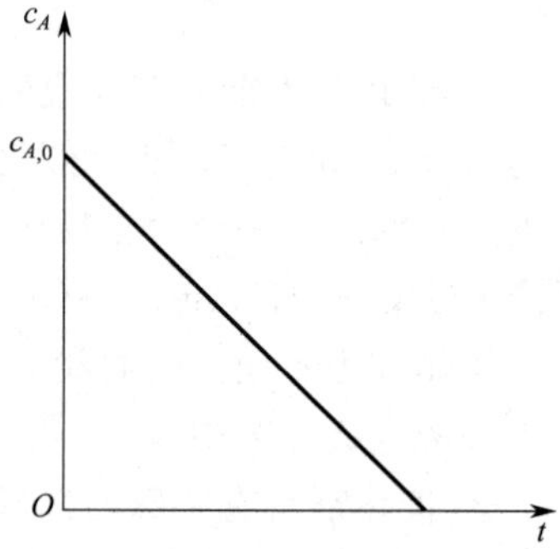

图 8-5　零级反应的直线关系

反应总级数为零的化学反应并不多，已知的零级反应中最常见的是表面催化反应。例如 $NH_3(g)$ 在单质 W 表面的催化分解反应：

$$2NH_3(g) \xrightarrow{W \text{ 催化剂}} N_2(g) + 3H_2(g)$$

由于反应只在催化剂表面上进行，因此反应速率只与表面状态有关。若金属 W 表面已被吸附的 $NH_3(g)$ 所饱和，再增加 $NH_3(g)$ 的浓度对反应速率不再有影响，此时反应对 $NH_3(g)$ 呈零级反应。

2. 一级反应

反应速率与反应物浓度的一次方成正比的反应称为**一级反应**。单分子反应为一级反应；一些物质的热分解反应或分子重整反应，即使不是基元反应往往也表现为一级反应；一些放射性元素的蜕变也属于一级反应。见图 8-6。

对于任意一级反应 $A \longrightarrow P$，其速率方程可表示为

$$v = -\frac{\mathrm{d}c_A}{\mathrm{d}t} = kc_A$$

当 $t = 0$ 时，$c_A = c_{A,0}$；当 $t = t$ 时，$c_A = c_A$。将上式两边积分，可得

$$-\int_{c_{A,0}}^{c_A} \frac{\mathrm{d}c_A}{c_A} = k\int_0^t \mathrm{d}t$$

整理得

$$\ln\frac{c_{A,0}}{c_A}=kt \tag{8-7a}$$

即

$$\ln c_A=-kt+\ln c_{A,0} \tag{8-7b}$$

若将式(8-7b) 写成指数形式，则有

$$c_A=c_{A,0}\mathrm{e}^{-kt} \tag{8-7c}$$

若定义某时刻反应物 A 消耗的分数为该时刻 A 的转化率，用 x_A 表示，则

$$x_A=\frac{c_{A,0}-c_A}{c_{A,0}}$$

或

$$c_A=c_{A,0}(1-x_A)$$

代入一级反应速率方程的积分式(8-7b)，可得

$$\ln\frac{1}{1-x_A}=kt \tag{8-8}$$

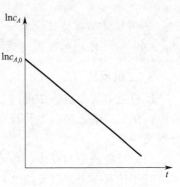

图 8-6　一级反应的直线关系

式(8-8) 称为一级反应转化率计算公式。

现将 $c_A=c_{A,0}/2$ 代入式(8-7a)，可得

$$t_{1/2}=\frac{\ln2}{k} \tag{8-9}$$

式(8-9) 称一级反应半衰期计算公式，由此可见一级反应的半衰期与 k 成反比，而与反应物的初始浓度无关。对于一级反应，反应物 A 先反应一半，再反应一半，所消耗的时间相同，这是一级反应的典型特征。

【例 8-2】有一药物溶液每毫升含 500 单位，40 天后降为每毫升含 300 单位，其药物分解为一级反应。若药物分解至原有浓度的一半，需要多少天？

解：由一级反应积分式可得

$$k=\ln\frac{c_{A,0}}{c_A}\times\frac{1}{t}=\ln\frac{500}{300}\times\frac{1}{40}=0.0128(\mathrm{d}^{-1})$$

根据一级反应半衰期计算公式可得

$$t_{1/2}=\frac{\ln2}{k}=\frac{\ln2}{0.0128}=54.15(\mathrm{d})$$

即药物分解至原有浓度的一半，所需时间为 54.15d。

【例 8-3】某金属钚的同位素进行β放射，经 14 天后同位素的活性降低 6.85%，试求此同位素的蜕变常数和半衰期。若该同位素分解 90.0%需经过多长时间？

解：由一级反应转化率计算公式可得此同位素的蜕变常数为

$$k=\ln\frac{1}{1-x_A}\times\frac{1}{t}=\ln\frac{1}{1-6.85\%}\times\frac{1}{14}=0.00507(\mathrm{d}^{-1})$$

根据一级反应半衰期计算公式可得此同位素的半衰期为

$$t_{1/2}=\frac{0.693}{k}=\frac{0.693}{0.00507}=136.7(\mathrm{d})$$

当该同位素分解 90.0%时，所需时间为

$$t = \ln \frac{1}{1-x_A} \times \frac{1}{k} = \ln \frac{1}{1-90\%} \times \frac{1}{0.00507} = 454.2(\text{d})$$

需要指出的是，蔗糖的水解反应本来是二级反应，但由于该反应是在水溶液中进行的，当蔗糖浓度较小时，水的浓度在反应过程中近似为常数，所以也表现为一级反应。例如：

$$C_{12}H_{22}O_{11}(\text{蔗糖}) + H_2O \longrightarrow C_6H_{12}O_6(\text{葡萄糖}) + C_6H_{12}O_6(\text{果糖})$$

$$v = k'c_{\text{蔗糖}}$$

因为特殊情况而使反应变为一级的反应称为**准一级反应**（通常认为，为了保证反应是准一级反应，水的浓度至少需要过量 40 倍）。

3. 二级反应

反应速率与反应物浓度的二次方呈正比的反应称为**二级反应**。二级反应是最常见的化学反应，例如乙酸乙酯的皂化反应，乙烯（丙烯、异丁烯）的气相二聚反应，碘化氢气体的热分解反应等。

（1）反应速率与反应物浓度的二次方成正比

对于任意一个二级反应 $2A \longrightarrow P$，其速率方程可表示为：

$$v = -\frac{dc_A}{dt} = kc_A^2$$

当 $t=0$ 时，$c_A = c_{A,0}$；当 $t=t$ 时，$c_A = c_A$。将上式两边积分，可得

$$-\int_{c_{A,0}}^{c_A} \frac{dc_A}{c_A^2} = k\int_0^t dt$$

整理得

$$\frac{1}{c_A} = kt + \frac{1}{c_{A,0}} \tag{8-10}$$

式(8-10) 表示以反应物浓度的倒数 $1/c_A$ 对时间 t 作图可得一直线，直线的斜率为 k，截距为 $1/c_{A,0}$。

此外，该二级反应中反应物 A 的转化率为

$$\frac{x_A}{c_{A,0}(1-x_A)} = kt \tag{8-11}$$

此类二级反应的半衰期为

$$t_{1/2} = \frac{1}{kc_{A,0}} \tag{8-12}$$

由此可见二级反应的半衰期与反应物的初始浓度 $c_{A,0}$ 和速率常数 k 成反比，即反应物的初始浓度越大，该反应的半衰期越短。

（2）反应速率与两种反应物浓度乘积成正比

设二级反应 $A+B \longrightarrow P$ 中反应物 A 和 B 的初始浓度分别为 $c_{A,0}$ 和 $c_{B,0}$，反应过程中任一时刻 t 的浓度为 c_A 和 c_B，其速率方程可表示为：

$$v = -\frac{dc_A}{dt} = kc_A c_B \tag{8-13}$$

若 $c_{A,0} = c_{B,0}$，反应在任一时刻 A 和 B 的浓度均相等，则式(8-13) 变为

$$v = -\frac{dc_A}{dt} = kc_A^2$$

其形式与（1）中的情况完全相同，因而积分后也可得到相同的结论。

若 $c_{A,0} \neq c_{B,0}$，则速率方程可写为

$$v = \frac{dx}{dt} = k(c_{A,0} - x)(c_{B,0} - x) \tag{8-14}$$

对式（8-14）进行定积分可得

$$\int_0^x \frac{dx}{(c_{A,0} - x)(c_{B,0} - x)} = \int_0^t k\,dt$$

整理得

$$\frac{1}{c_{A,0} - c_{B,0}} \ln \frac{c_{B,0}(c_{A,0} - x)}{c_{A,0}(c_{B,0} - x)} = kt \tag{8-15a}$$

或

$$\ln \frac{c_{A,0} - x}{c_{B,0} - x} = (c_{A,0} - c_{B,0})kt + \ln \frac{c_{A,0}}{c_{B,0}} \tag{8-15b}$$

由于此类反应 A 和 B 的初始浓度不同，但反应过程中消耗量相等，因此反应物 A 和 B 的半衰期也不相同，整个反应的半衰期没有统一的表达式。

【例8-4】已知 355K 下，乙二醇的制备 $ClCH_2CH_2OH + NaHCO_3 \longrightarrow HOCH_2CH_2OH + NaCl + CO_2$ 为二级反应，反应物 $ClCH_2CH_2OH$ 和 $NaHCO_3$ 的起始浓度均为 $1.20 mol \cdot dm^{-3}$，反应开始 1.6h 后取样分析测得 $NaHCO_3$ 的浓度为 $0.109 mol \cdot dm^{-3}$。试求：①该反应的速率常数 k；②当原料 $ClCH_2CH_2OH$ 的转化率为 95.0% 时所需要的时间。

解：① 设反应物 $ClCH_2CH_2OH$ 为 A，$NaHCO_3$ 为 B，由于两种反应物的起始浓度相同，则由

$$\frac{1}{c_A} - \frac{1}{c_{A,0}} = kt$$

可得

$$k = \frac{1}{t} \times \frac{c_{A,0} - c_A}{c_{A,0} \times c_A} = \frac{1}{1.60} \times \frac{1.20 - 0.109}{1.20 \times 0.109} = 5.21(dm^3 \cdot mol^{-1} \cdot h^{-1})$$

② 由题意知 $x_A = 95.0\%$，代入

$$\frac{x_A}{c_{A,0}(1 - x_A)} = kt$$

可得

$$t = \frac{x_A}{kc_{A,0}(1 - x_A)} = \frac{0.95}{5.21 \times 1.20 \times (1 - 0.95)} = 3.04(h)$$

【例8-5】已知 298K 下，乙酸乙酯的皂化反应为简单二级反应 $CH_3COOC_2H_5 + NaOH \longrightarrow CH_3COONa + C_2H_5OH$，其速率常数 k 为 $6.36 dm^3 \cdot mol^{-1} \cdot min^{-1}$。①若反应物 $CH_3COOC_2H_5$ 和 $NaOH$ 的起始浓度均为 $0.02 mol \cdot dm^{-3}$ 时，反应的半衰期是多少？反应进行 10min 时 $CH_3COOC_2H_5$ 的转化率是多少？②若反应物 $CH_3COOC_2H_5$ 和 $NaOH$ 的起始浓度分别为 $0.02 mol \cdot dm^{-3}$ 和 $0.03 mol \cdot dm^{-3}$，试求当 50% 的 $CH_3COOC_2H_5$ 发生转化时所需要的时间。

解：① 设反应物 $CH_3COOC_2H_5$ 为 A，$NaOH$ 为 B，若两种反应物的起始浓度相同，则反应的半衰期为

$$t_{1/2} = \frac{1}{kc_{A,0}} = \frac{1}{6.36 \times 0.02} = 7.86 (\text{min})$$

当反应进行 10min 时,有

$$\frac{x_A}{c_{A,0}(1-x_A)} = kt$$

代入数据可得

$$\frac{x_A}{0.02 \times (1-x_A)} = 6.36 \times 10$$

解得 $CH_3COOC_2H_5$ 的转化率为

$$x_A = 55.99\%$$

② 设反应物 $CH_3COOC_2H_5$ 为 A,$NaOH$ 为 B,若两种反应物的起始浓度不同,则有

$$\frac{1}{c_{A,0} - c_{B,0}} \ln \frac{c_{B,0}(c_{A,0} - x)}{c_{A,0}(c_{B,0} - x)} = kt$$

将 $k = 6.36 dm^3 \cdot mol^{-1} \cdot min^{-1}$,$c_{A,0} = 0.02 mol \cdot dm^{-3}$,$c_{B,0} = 0.03 mol \cdot dm^{-3}$,$x = 0.02 \times 50\% = 0.01$($mol \cdot dm^{-3}$)代入,可得

$$t = \frac{1}{k(c_{A,0} - c_{B,0})} \times \ln \frac{c_{B,0}(c_{A,0} - x)}{c_{A,0}(c_{B,0} - x)} = \frac{1}{6.36 \times (0.02 - 0.03)} \times \ln \frac{0.03 \times (0.02 - 0.01)}{0.02 \times (0.03 - 0.01)}$$
$$= 4.52 (\text{min})$$

4. n 级反应($n \neq 1$)

反应速率与反应物浓度的 n 次方成正比的反应称为 **n 级反应**。

对于任意一个 n 级反应 $A \longrightarrow P$,其速率方程可表示为:

$$v = -\frac{dc_A}{dt} = kc_A^n$$

当 $t = 0$ 时,$c_A = c_{A,0}$;当 $t = t$ 时,$c_A = c_A$。将上式两边积分,整理可得

$$\frac{1}{n-1}\left(\frac{1}{c_A^{n-1}} - \frac{1}{c_{A,0}^{n-1}}\right) = kt \ (n \neq 1) \tag{8-16}$$

将 $c_A = c_{A,0}/2$ 代入,可得 n 级反应的半衰期为

$$t_{1/2} = \frac{2^{n-1} - 1}{(n-1)kc_{A,0}^{n-1}} \tag{8-17}$$

为了便于比较各级反应的动力学特征,现将上述几种具有简单级数反应的速率公式和特征列于表 8-2 中。

表 8-2 简单级数反应的速率公式和特征

级数	反应类型	微分速率方程	积分速率方程	半衰期	速率常数 k 的单位
0	$A \longrightarrow H$	$v = -\dfrac{dc_A}{dt} = k_0$	$c_A = -k_0 t + c_{A,0}$	$t_{1/2} = \dfrac{c_{A,0}}{2k}$	$[c] \cdot [t]^{-1}$
1	$A \longrightarrow P$	$v = -\dfrac{dc_A}{dt} = kc_A$	$\ln c_A = -kt + \ln c_{A,0}$	$t_{1/2} = \dfrac{\ln 2}{k} = \dfrac{0.693}{k}$	$[t]^{-1}$
2	$2A \longrightarrow P$	$v = -\dfrac{dc_A}{dt} = kc_A^2$	$\dfrac{1}{c_A} = kt + \dfrac{1}{c_{A,0}}$	$t_{1/2} = \dfrac{1}{kc_{A,0}}$	$[c]^{-1} \cdot [t]^{-1}$
	$A + B \longrightarrow P$	$v = \dfrac{dx}{dt} = k(c_{A,0} - x)(c_{B,0} - x)$	$\dfrac{1}{c_{A,0} - c_{B,0}} \ln \dfrac{c_{B,0}(c_{A,0} - x)}{c_{A,0}(c_{B,0} - x)} = kt$	对 A、B 不同	$[c]^{-1} \cdot [t]^{-1}$

级数	反应类型	微分速率方程	积分速率方程	半衰期	速率常数 k 的单位
...	...	...	...	...	...
n	$A \longrightarrow P$	$v = -\dfrac{dc_A}{dt} = kc_A^n$	$\dfrac{1}{n-1}\left(\dfrac{1}{c_A^{n-1}} - \dfrac{1}{c_{A,0}^{n-1}}\right) = kt \ (n \neq 1)$	$t_{1/2} = \dfrac{2^{n-1}-1}{(n-1)kc_{A,0}^{n-1}}$	$[c]^{1-n} \cdot [t]^{-1}$

二、典型复杂反应的速率方程

如果一个化学反应是由两个以上的基元反应以各种方式相互联系起来的，则这种反应就属于**复杂反应**。原则上任一基元反应的速率常数 k 仅取决于该反应的本性与温度，它所遵循的动力学规律也不因其他基元反应的存在而有所不同，换言之速率常数 k 始终保持不变；但由于其他组分的同时存在间接影响了反应物的浓度，因此反应速率受到了一定程度的影响。

1. 平行反应

反应物能同时发生两种以上的化学反应称为**平行反应**。这种情况在有机反应中较多，通常将生成期望产物的反应称为主反应，其余的反应称为副反应。例如乙醇在一定条件下的脱水反应，可同时生成乙醚和乙烯；苯酚用 HNO_3 硝化，可同时得到邻硝基苯酚和对硝基苯酚。

组成平行反应的几个反应级数可以相同，也可以不同，前者数学处理较为简单。下面我们来讨论反应物 A 同时进行两个一级反应，分别生成 B 和 D 的平行反应：

$$A \begin{array}{c} \xrightarrow{k_1} B \\ \xrightarrow[k_2]{} D \end{array}$$

以 B、D 的生成反应表示两个反应的速率为

$$\frac{dc_B}{dt} = k_1 c_A$$

$$\frac{dc_D}{dt} = k_2 c_A$$

两式相比可得

$$\frac{dc_B}{dc_D} = \frac{k_1}{k_2} \tag{8-18}$$

对式（8-18）进行定积分可得

$$k_2 \int_0^{c_B} dc_B = k_1 \int_0^{c_D} dc_D$$

$$\frac{c_B}{c_D} = \frac{k_1}{k_2} \tag{8-19}$$

式（8-19）表明一级平行反应若反应开始时系统中没有产物，其产物浓度之比等于两个反应速率常数之比，而与反应物初始浓度和时间无关，这是级数相同的平行反应的典型特征。在实际生产中，几个平行反应的活化能往往不同，温度升高有利于活化能大的反应进行，温度降低有利于活化能小的反应进行。所以在工业生产中经常选择最适宜的反应温度和恰当的催化剂来加速人们需要的反应。例如甲苯的氯化反应中，当温度较低（30～50℃）、使用 $FeCl_3$ 为催化剂时，主要是苯环上的取代反应；而当温度较高（120～170℃）、使用光激发时，则主要发生侧链上的取代反应。

若反应开始时

$$c_B = c_D = 0$$

则有

$$c_{A,0} = c_A + c_B + c_D$$

所以反应物 A 消耗的总速率为

$$-\frac{dc_A}{dt} = \frac{dc_B}{dt} + \frac{dc_D}{dt} = k_1 c_A + k_2 c_A = (k_1 + k_2)c_A \tag{8-20}$$

对式(8-20)进行定积分可得

$$-\int_{c_{A,0}}^{c_A} \frac{dc_A}{dt} = (k_1 + k_2)\int_0^t dt$$

$$\ln\frac{c_{A,0}}{c_A} = (k_1 + k_2)t \tag{8-21}$$

式(8-21)称为一级平行反应的速率积分式。

联合式(8-19)和式(8-21)可分别求出 k_1、k_2。

图 8-7 为一级平行反应中反应物和产物的浓度与时间关系。

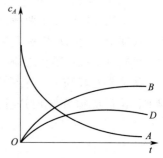

图 8-7 一级平行反应中反应物和产物的浓度与时间关系

2. 对峙反应

在一定条件下，正向和逆向同时进行的反应称为**对峙反应**（在无机化学中称为可逆反应）。严格来说，任何化学反应都是对峙反应，只有当逆向反应速率与正向反应速率相比可忽略不计时，动力学上才将此反应作为单向反应来处理。

简单的对峙反应是正逆反应都为一级反应，如分子内部的重排和异构化反应等。下面以正逆反应都是一级反应为例来讨论对峙反应的动力学特征。

$$A \underset{k_{-1}}{\overset{k_1}{\rightleftharpoons}} D$$

正反应速率为

$$-\frac{dc_A}{dt} = k_1 c_A$$

逆反应速率为

$$-\frac{dc_D}{dt} = k_{-1} c_D$$

反应的总速率以反应物 A 的消耗速率表示为

$$-\frac{dc_A}{dt} = k_1 c_A - k_{-1} c_D = k_1 c_A - k_{-1}(c_{A,0} - c_A) = (k_1 + k_{-1})c_A - k_{-1}c_{A,0} \tag{8-22}$$

当反应达到平衡时，正逆反应速率相等，即

$$k_1 c_{A,e} = k_{-1} c_{D,e} = k_{-1}(c_{A,0} - c_{A,e})$$

$$\frac{k_1}{k_{-1}} = \frac{c_{A,0} - c_{A,e}}{c_{A,e}} = K_c$$

整理得

$$k_{-1} c_{A,0} = (k_1 + k_{-1})c_{A,e} \tag{8-23}$$

式中，$c_{A,e}$ 和 $c_{D,e}$ 分别为 A 和 D 平衡时的浓度。

将式(8-23) 代入式(8-18) 可得

$$-\frac{\mathrm{d}c_A}{\mathrm{d}t}=(k_1+k_{-1})c_A-(k_1+k_{-1})c_{A,e}=(k_1+k_{-1})(c_A-c_{A,e})$$

当 $c_{A,0}$ 一定时，$c_{A,e}$ 为常数，故

$$-\frac{\mathrm{d}c_A}{\mathrm{d}t}=-\frac{\mathrm{d}(c_A-c_{A,e})}{\mathrm{d}t}=(k_1+k_{-1})(c_A-c_{A,e}) \tag{8-24}$$

其中 $c_A-c_{A,e}=\Delta c_A$ 称为反应物 A 的**距平衡浓度差**。可见反应速率与距平衡浓度差 Δc_A 成正比，即 Δc_A 越大，反应物 A 的消耗速率越大；反之 Δc_A 越小，反应物 A 的浓度越接近平衡浓度，A 的消耗速率越小。

对式(8-24) 进行定积分可得

$$-\int_{c_{A,0}}^{c_A}\frac{\mathrm{d}(c_A-c_{A,e})}{c_A-c_{A,e}}=\int_0^t(k_1+k_{-1})\mathrm{d}t$$

$$\ln\frac{c_{A,0}-c_{A,e}}{c_A-c_{A,e}}=(k_1+k_{-1})t \tag{8-25}$$

对于一级对峙反应（图 8-8），我们把反应完成了距平衡浓度差的一半所需要的时间称为对峙反应的半衰期。则有

$$c_A-c_{A,e}=\frac{1}{2}(c_{A,0}-c_{A,e})$$

即

$$c_A=\frac{1}{2}(c_{A,0}+c_{A,e})$$

代入式(8-25) 可得

$$t_{1/2}=\frac{\ln2}{k_1+k_{-1}} \tag{8-26}$$

由此可见一级对峙反应的半衰期与反应物 A 的初始浓度 $c_{A,0}$ 无关。

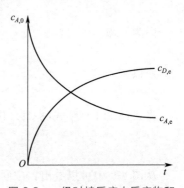

图 8-8 一级对峙反应中反应物和产物的浓度与时间关系

3. 连串反应

前一个反应的产物是下一个反应的反应物，如此连续进行的反应称为**连串反应**。在有机反应中，连串反应是比较常见的。例如苯的氯化反应，可连续生成氯苯、二氯苯、三氯苯等。下面以两个一级反应组成的连串反应，即 A 反应生成 B，B 又反应生成 D 为例来推导一级连串反应的速率方程。

$$A \xrightarrow{k_1} B \xrightarrow{k_2} D$$

反应物 A 的反应速率为

$$-\frac{\mathrm{d}c_A}{\mathrm{d}t}=k_1c_A \tag{8-27}$$

可见 c_A 只与第一个反应有关。

中间产物 B 既是第一个反应的产物，又是第二个反应的反应物，B 物质的净生成速率为

$$\frac{\mathrm{d}c_B}{\mathrm{d}t}=k_1c_A-k_2c_B \tag{8-28}$$

产物 D 的生成速率为

$$\frac{\mathrm{d}c_D}{\mathrm{d}t} = k_2 c_D \qquad (8\text{-}29)$$

对式（8-27）进行定积分可得

$$-\int_{c_{A,0}}^{c_A} \frac{\mathrm{d}c_A}{c_A} = k_1 \int_0^t \mathrm{d}t$$

$$\ln \frac{c_{A,0}}{c_A} = k_1 t \qquad (8\text{-}30\mathrm{a})$$

或

$$c_A = c_{A,0}\, \mathrm{e}^{-k_1 t} \qquad (8\text{-}30\mathrm{b})$$

将式（8-30b）代入式（8-28）可得

$$\frac{\mathrm{d}c_B}{\mathrm{d}t} = k_1 c_{A,0}\, \mathrm{e}^{-k_1 t} - k_2 c_B$$

求解此微分方程可得

$$c_B = \frac{k_1 c_{A,0}}{k_2 - k_1}(k_2\, \mathrm{e}^{-k_1 t} - k_1\, \mathrm{e}^{-k_2 t}) \qquad (8\text{-}31)$$

因为

$$c_{A,0} = c_A + c_B + c_D$$

所以

$$c_D = c_{A,0} - c_A - c_B$$

将式（8-30b）和式（8-31）代入上式整理后可得

$$c_D = c_{A,0}\left[1 - \frac{1}{k_2 - k_1}(k_2\, \mathrm{e}^{-k_1 t} - k_1\, \mathrm{e}^{-k_2 t})\right] \qquad (8\text{-}32)$$

从图 8-9 中可以看出，中间产物 B 的浓度在整个反应过程中出现了一个极大值，若 B 是所需的目标产物，那么当反应达到最佳时间时就必须立即终止，否则 B 的浓度就会下降。

将式（8-31）对时间 t 取导数，且令 $\mathrm{d}c_B/\mathrm{d}t = 0$，可得

$$t_{\max} = \frac{\ln \dfrac{k_1}{k_2}}{k_1 - k_2} \qquad (8\text{-}33)$$

将式（8-33）代入式（8-31）可得

$$c_{B,\max} = c_{A,0}\left(\frac{k_1}{k_2}\right)^{\frac{k_2}{k_2 - k_1}} \qquad (8\text{-}34)$$

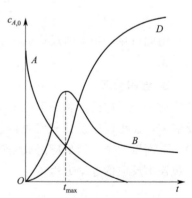

图 8-9　一级连串反应中反应物和
产物的浓度与时间关系

式（8-33）和式（8-34）分别称为中间产物 B 的最佳生成时间和最大生成浓度计算公式。

【扩展篇】

只有在光照作用下才能进行的化学反应称为**光化学反应**，例如植物的光合作用、胶片的

感光作用及染料的褪色等。对于光化学反应有效的是可见光和紫外光，如图 8-10 所示。X 射线可产生核或分子内层深部电子的跃迁，因此不属于光化学范畴，而属于辐射化学范畴。

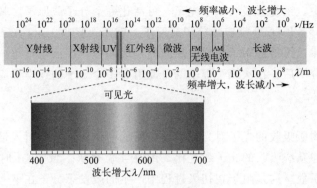

图 8-10 电磁辐射波谱

1. 光化学反应过程

光化学反应是从反应物吸收光能开始的。反应系统吸收光能的过程被称为光化学的**初级过程**，初级过程使反应物的分子或原子中的电子由基态变为能量较高的激发态（在物质右上角加 * 表示激发态）。若光子能量很高也可使分子解离，例如：

$$Hg + h\nu \longrightarrow Hg^*$$
$$Br_2 + h\nu \longrightarrow 2Br \cdot$$

式中，h 为 Plank 常数；ν 为光的频率。$h\nu$ 为一个光子的能量。

处于激发态的分子或原子是很不稳定的，其寿命约 10^{-8} s。若不与其他粒子碰撞，它就会自动地回到基态而放出光子，称为**荧光**，所以切断光源，荧光立即停止。但有的被照射物质在切断光源后仍能继续发光，有时甚至延续长达若干秒或更长时间，这种光称为**磷光**。如果激发态分子与其他分子或容器壁碰撞发生无辐射的失活而回到基态则称为**淬灭**。

若激发态分子与其他分子发生碰撞，就可能将过剩的能量传出，使其激发甚至解离，也可能与相撞的分子发生反应。例如：

$$Hg^* + Tl \longrightarrow Hg + Tl^*$$
$$Hg^* + H_2 \longrightarrow Hg + 2H^*$$
$$Hg^* + O_2 \longrightarrow HgO + O^*$$

我们把这种初级过程的产物继续发生的其他过程称为光化学反应的**次级过程**。次级反应若产生自由原子或自由基，则会发生链反应。

2. 光化学基本定律

（1）光化学第一定律

1818 年，格鲁塞斯（Grotthus）和德雷伯（Draper）提出**光化学第一定律**：只有被反应物吸收的光才可能产生光化学反应，透射光或反射光对光化学反应就不起作用。此外并非任意波长的光都能被反应物所吸收，反应物只能吸收分子从基态到激发态所需能量与光子能量匹配的相应波长的光。需要强调的是，光被吸收仅仅是发生光化学反应的必要条件，而不是充分条件，这是因为处于激发态的分子既可能发生化学反应，也可能通过其他途径耗散它所得到的能量而不发生反应。

根据光化学第一定律在进行光化学反应的研究时要注意光源、反应器材料以及溶剂等的选择。

（2）光化学第二定律

20 世纪初，爱因斯坦（Einstein）和斯塔克（Stark）提出了**光化学第二定律**：在光化学反应的初级过程中，系统每吸收一个光子，可活化一个分子或原子，其中一个光子的能量为 $\varepsilon = h\nu$。换言之，活化 1mol 反应物分子或原子，就需要吸收 1mol 光子的能量。

光化学第二定律只严格适用于光化学反应的初级过程，即活化过程。因为当反应物吸收一个光子成为活化分子后，在次级过程中既可能引起多个分子的连串反应，也可能放出光子使得激发态分子失活。

（3）量子效率

为了度量反应物所吸收的光子对光化学反应所起的作用，需要引入量子效率的概念：即发生反应的分子数与系统吸收的光子数之比，用符号 ϕ 表示。当 $\phi < 1$ 时表示发生反应的分子数小于吸收的光子数，这是由于在初级过程中产生的激发态分子在下一步反应前有部分高能分子失去活性。当 $\phi > 1$ 时说明发生反应的分子数大于吸收的光子数，换言之反应物吸收一个光子后活化了一个分子，但在次级过程中引发了链反应。

例如 HI 的光分解反应为

$$HI \xrightarrow{h\nu} H\cdot + I\cdot$$
$$H\cdot + HI \longrightarrow H_2 + I\cdot$$
$$2I\cdot \longrightarrow I_2$$

可见，一个 HI 分子吸收了一个光子之后，使两个 HI 分子发生反应，所以量子效率 $\phi = 2$。

又例如由光引发的链反应 $H_2 + Cl_2 \xrightarrow{h\nu} 2HCl$，其量子效率可高达 10^6。见表 8-3。

表 8-3　光化学反应的量子效率

光化学反应	吸收光的波长 λ/nm	量子效率 ϕ
$2HI \longrightarrow H_2 + I_2$	$207 \sim 280$	2
$H_2S \longrightarrow H_2 + S$	208	1
$2NH_3 \longrightarrow N_2 + 3H_2$	约 210	0.2
$H_2 + Cl_2 \longrightarrow 2HCl$	$400 \sim 436$	10^5
$CO + Cl_2 \longrightarrow COCl_2$	$400 \sim 436$	10^3
$3O_2 \longrightarrow 2O_3$	200	3
$CH_3CHO \longrightarrow CO + CH_4$	310	0.4
$2NO_2 \longrightarrow 2NO + O_2$	366	2
$H_2O + CO_2 \xrightarrow{叶绿素} \frac{1}{x}(CH_2O)_x + O_2$	$400 \sim 700$	约 10^{-1}

3. 光化学反应机理

设任一光化学反应

$$A_2 \xrightarrow{h\nu} 2A$$

根据实验，拟定反应机理如下：

$$A_2 + h\nu \xrightarrow{\phi_1} A_2^* \quad （活化）\quad 初级过程 \quad v_1 = k_1 I_a$$

$$A_2^* \xrightarrow{k_2} 2A \quad （解离）\quad 次级过程 \quad v_2 = k_2 c_{A_2^*}$$

$$A_2^* + A_2 \xrightarrow{k_3} 2A_2 \quad \text{(失活)} \qquad \text{次级过程} \qquad v_3 = k_3 c_{A_2^*} c_{A_2}$$

在初级过程中，光化学反应速率只取决于吸收光的强度 I_a，故对于 A_2 为零级反应。若以 A 的生成速率表示，则

$$\frac{dc_A}{dt} = 2v_2 = 2k_2 c_{A_2^*}$$

因为 A_2 吸收一个光子生成两个 A，则

$$\frac{dc_{A_2^*}}{dt} = k_1 I_a - k_2 c_{A_2^*} - k_3 c_{A_2^*} c_{A_2} = 0$$

所以

$$c_{A_2^*} = \frac{k_1 I_a}{k_2 + k_3 c_{A_2}}$$

将上式代入 dc_A/dt 的关系式中，得

$$\frac{dc_A}{dt} = \frac{2k_1 k_2 I_a}{k_2 + k_3 c_{A_2}}$$

当 $k_3 \ll k_2$，即解离速率远大于失活速率时，上式表示为 $dc_A/dt = 2k_1 I_a$，为零级反应。当 $k_3 \gg k_2$，即失活速率远大于解离速率时，上式表示为 $dc_A/dt = 2k_1 k_2 I_a/(k_3 c_{A_2})$，为一级反应。

4. 光化学反应特点

光化学反应具有以下特点：

① 光化学反应速率与光的强度有关，而与温度无关，或温度的影响不明显。

② 在等温、等压和不做非体积功的条件下，光化学反应既可以朝着 $\Delta G < 0$ 的方向进行（如 $H_2 + Cl_2 \xrightarrow{h\nu} 2HCl$），也可以朝着 $\Delta G > 0$ 的方向进行（如 $2H_2O \xrightarrow{h\nu} 2H_2 + O_2$）。

③ 光化学反应在一定条件下也会建立平衡，其平衡常数与光的强度有关。

④ 光化学反应具有较大的选择性，在混合物中只有对光敏感的物质会吸收一定波长的光发生反应。通常把对光敏感的物质称为**光敏剂**，有些反应就是借助光敏剂而发生光化学反应的。例如，CO_2 和 H_2O 对光并不敏感，但叶绿素对光是敏感的，所以植物的光合作用就是通过叶绿素吸收光后传递给 CO_2 和 H_2O，进而生成碳水化合物。

素质阅读

穷理以致其知，反躬以践其实

催化剂技术是现代炼油工业的核心工序，被称作石油化学工艺的"芯片"。100 多年前，美国人率先使用催化剂加工石油，从此决定了全世界炼油技术的方向。20 世纪 50 年代，中国完全没有研制催化剂的能力；60 年代，中国跃升为能够生产各种炼油催化剂的少数国家之一；80 年代，中国的催化剂超过国外水准；21 世纪初，中国的绿色炼油工艺开始走向工业化。在这短短的几十年间，中国炼油催化剂能够实现跨越式发展，被誉为"中国催化剂之父"的闵恩泽院士功不可没。

"情系国，心远阔，催化炼油绩丰硕；耄耋仍攀科学峰，一生皆为石化搏。"这正是闵恩泽院士一生的真实写照，他将自己的一生都奉献给了共和国的催化剂事业，在中国科学界树起了一座不朽的丰碑。

身为当代化工学子，身为国家未来的化工人才，我们应当学习闵恩泽先生忠贞不渝的爱国情怀、淡泊名利的高尚情操和精益求精的钻研精神，以报国之志、忘我之心、无畏之势，开拓创新、敬业奉献，努力成长为有理想、敢担当、能吃苦、肯奋斗的新时代好青年！

闵恩泽

【课后习题】

（一）判断题

（1）在同一个化学反应中，各物质的变化速率相同。（　　）

（2）反应速率常数 k 与反应物浓度无关。（　　）

（3）反应级数不一定是简单的正整数；但反应分子数只能是正整数，且一般不大于 3。（　　）

（4）化学反应的活化能 E_a 是一个与温度无关的常数。（　　）

（5）一个化学反应彻底进行到底所需要的时间是半衰期的两倍。（　　）

（6）复杂反应由若干个基元反应组成，所以复杂反应的分子数是基元反应分子数之和。（　　）

（7）一级反应一定是单分子反应。（　　）

（8）反应级数相同的化学反应，其反应机理一定相同。（　　）

（二）填空题

（1）一个化学反应的级数越高，则表明反应物浓度对反应速率的影响程度_____。

（2）若 $A+B \longrightarrow D$ 为基元反应，则根据质量作用定律其速率方程为_____，反应级数为_____。

（3）过渡态理论认为化学反应首先生成_____，其反应速率等于_____。

（4）某化学反应在一定条件下其原料的平衡转化率为 25%，当有催化剂存在时，其转化率应当_____（大于、等于或小于）25%。

（5）已知某个一级反应的反应物转化率为 40% 时需要 50min，则该反应在相同条件下转化 80% 时需要的时间为_____。

（三）选择题

（1）对于基元反应，以下说法正确的是（   ）。

A. 反应级数总是大于反应分子数　　　　B. 反应级数与反应分子数一致

C. 反应级数总是小于反应分子数　　　　D. 反应级数与反应分子数不一定一致

（2）在某化学反应 $A \longrightarrow B$ 中反应物 A 的浓度减小一半时，A 的半衰期也缩短一半，则该反应级数为（   ）。

A. 1　　　　　　　　B. 2　　　　　　　　C. 0　　　　　　　　D. 无法确定

（3）关于一级反应的下列描述，不正确的是（   ）。

A. 以 $\ln c_A$ 对 t 作图为一直线

B. 半衰期与反应物初始浓度成正比

C. 反应速率常数 k 的单位是 s^{-1}

D. 同一反应，当反应物消耗的百分数相同时，所需时间相同

（4）若某化学反应为一级反应，则该反应为（   ）。

A. 简单反应　　　　B. 单分子反应　　　　C. 复杂反应　　　　D. 以上皆有可能

（5）已知某放射性同位素的半衰期为 50 天，则经过 75 天后，该同位素的放射性为初始时的（   ）。

A. 1/4　　　　　　　B. 3/4　　　　　　　C. 3/8　　　　　　　D. 以上皆不对

（6）已知某化学反应的活化能 E_a 为 $80kJ \cdot mol^{-1}$，当反应温度由 20℃ 升高至 30℃ 时，其反应速率常数 k 约为原来的（   ）。

A. 2 倍　　　　　　　B. 3 倍　　　　　　　C. 4 倍　　　　　　　D. 5 倍

（四）简答题

（1）化学动力学研究的主要内容是什么？它与化学热力学之间有何关系？

（2）反应级数与反应分子数有何区别？

（3）什么是活化能？活化能对反应速率有何影响？

（五）计算题

（1）已知基元反应 $2A(g) + D(g) \longrightarrow E(g)$，现将 2mol 反应物 A 与 1mol 反应物 D 混合于 1L 的容器中反应，则反应物消耗一半时的反应速率 v_2 与反应起始速率 v_1 的比值是多少？

（2）若甲酸在金属表面上的分解反应在 140℃ 和 185℃ 时的速率常数分别为 5.5×10^{-4} s^{-1} 和 $9.2 \times 10^{-4} s^{-1}$，试求该反应的活化能 E_a。

参 考 文 献

[1] Peter Atkins，Julio de Paula. Physical Chemistry［M］. Beijing：Higher Education Press，2016.

[2] 彭笑刚，主编. 物理化学［M］. 北京：高等教育出版社，2012.

[3] 傅献彩，主编. 物理化学［M］. 北京：高等教育出版社，2006.

[4] 印永嘉，主编. 物理化学简明教程［M］. 北京：高等教育出版社，2007.

[5] 高丕英，李江波，主编. 物理化学［M］. 北京：科学出版社，2007.

[6] 刘志明，吴也平，金丽梅，主编. 应用物理化学［M］. 北京：化学工业出版社，2009.

[7] 尚秀丽，主编. 物理化学［M］. 北京：化学工业出版社，2021.

[8] 王正烈，主编. 物理化学［M］. 北京：化学工业出版社，2007.

[9] 王新平，王旭珍，王新葵，主编. 基础物理化学［M］. 北京：高等教育出版社，2016.

[10] 许越，主编. 化学反应动力学［M］. 北京：化学工业出版社，2005.

[11] 北京化工大学编. 物理化学例题与习题［M］. 北京：化学工业出版社，2010.

[12] 王占君，孙琪，王长生，主编. 物理化学选择题精解［M］. 北京：化学工业出版社，2014.

[13] 张德生，刘光祥，郭畅，主编. 物理化学思考题1100例［M］. 合肥：中国科学技术大学出版社，2012.

[14] 余传波，邓建梅，邹敏. 自主学习型物理化学教材的评述和启示［J］. 化学教育，2014，35（18）：9-14.

[15] 陈凯. 国际"物理化学"课程与教学研究评述［J］. 化学教育，2019，40（24）：80-89.

[16] 张国艳，金为群，许海，陈晓欣. 高等学校教材改革与创新型人才培养［J］. 化学教育，2017，38（16）：10-13.

[17] 裴素朋，孙迎新，周义锋. 应用型大学物理化学课程思政建设初探［J］. 黑龙江科学，2022，13（09）：98-100.

[18] 王旭珍，王新平，王新葵，等. 大道至简，润物无声——物理化学课程思政的实践［J］. 大学化学，2019，34（11）：77-81.

[19] 戚传松，荣华，李巍，佟拉嘎. 思政教育在物理化学教学中的探索与实践［J］. 教育教学论坛，2020（15）：48-49.

[20] 左晶，刘向荣，梁耀东. 历史思维下物理化学课程思政的思考［J］. 高教学刊，2022，8（21）：180-183.

[21] 刘光灿，李绛. 浅谈《物理化学》教材中的几个热力学问题［J］. 中国校外教育，2019（15）：122＋137.

[22] 郭余年，程铁欣. 关于平衡态热力学常见过程的定义［J］. 大学化学，2014，29（02）：72-77.

[23] 高盘良. 关于"熵增原理"表述的争鸣［J］. 大学化学，2011，26（05）：74-76.

[24] 任聚杰. 再论自发过程及热力学过程判据［J］. 河北工业科技，2017，34（02）：110-113.

[25] 吴腊霞，郭畅. 关于不同过程功的计算及分析［J］. 山东工业技术，2015（04）：235.

[26] 武香香，褚意新，苑娟，等. 相平衡中的案例教学法［J］. 中国科教创新导刊，2013（10）：75.

[27] 黄建花. 基于有机化合物的分离和提纯讲授二组分系统的气液相平衡知识［J］. 教育教学论坛，2011（32）：48-50.